联合防空反导作战大数据指挥创新研究

鲁晓彬　路建伟　著

U0209620

国防工业出版社

·北京·

内 容 简 介

本书以大数据时代背景下多域联合作战中的联合防空反导作战指挥问题为对象，围绕联合防空反导、大数据、作战指挥等核心概念的关联和融合，进行思辨、解析、探究，提出基于大数据的联合防空反导作战指挥内涵机理、态势感知、筹划决策、指挥控制等新观点，实现了理论体系构建和与现实问题有机结合。自 2012 年被确立为国际大数据元年至今，以大数据为资源和技术基础的智能时代发展取得有目共睹的成就，引领和推动了多域联合作战指挥加速智能化、敏捷化、泛在化，也倒逼军事理论研究开创性、前瞻性、跨越性发展，为本书付梓出版创造了契机。本书可以作为军事智能化研究的通俗读物，并可用作军事理论体系构建和专业防空反导作战研究的参考材料，发挥一定对照借鉴作用。

图书在版编目（CIP）数据

联合防空反导作战大数据指挥创新研究／鲁晓彬，路建伟著．—北京：国防工业出版社，2023.1
ISBN 978-7-118-12792-8

Ⅰ.①联… Ⅱ.①鲁… ②路… Ⅲ.①数据处理-应用-防空导弹-反导弹导弹-作战指挥 Ⅳ.①TJ761-39

中国国家版本馆 CIP 数据核字（2023）第 022055 号

※

国防工业出版社出版发行

（北京市海淀区紫竹院南路 23 号　邮政编码 100048）
天津嘉恒印务有限公司印刷
新华书店经售

*

开本 710×1000　1/16　印张 12¾　字数 208 千字
2023 年 1 月第 1 版第 1 次印刷　印数 1—1500 册　定价 89.00 元

（本书如有印装错误，我社负责调换）

国防书店：（010）88540777　　　书店传真：（010）88540776
发行业务：（010）88540717　　　发行传真：（010）88540762

前言

　　在 21 世纪第三个十年的今天，世界主要国家发展不平衡加剧，发展中大国加速崛起，部分欠发达国家内外纷争不断，地缘博弈、国家动乱、宗教冲突和极端主义孳生等问题纵横交织，导致国际和地区局势动荡不定、局部军事冲突不断上演。面对不断加剧的空袭威胁和防空压力，加强防空反导力量建设、能力提升和作战运用，有效担负多样化防空反导使命成为各国军队的普遍做法。域内外国家联手推动防空反导武器在我国周边扩散部署，强化联合防空反导能力和新型空袭手段建设，使我空防安全面临严峻形势。加快提升联合防空反导能力，重视发挥大数据等前沿技术的核心支撑作用，是有效履行新时代我军使命任务的必然要求。本书以此为背景，着眼大数据在联合防空反导作战指挥中的运用，提出理论创新的思路途径和对策。

　　第一章，绪论。主要介绍目前国内外防空反导作战的基本问题、当前现状及基本研究思路。通过分析世界防空反导发展现状，得出空袭作战威胁性大、大数据潜力广受重视、信息化作战指挥面临拐点，制胜防空反导战场需抢抓机遇等判断，进而对当前联合防空反导作战特点规律和未来趋势进行分析研判，着重提出基于大数据的全维态势认知、智能筹划决策和精确指挥控制理论构想，形成研究思路和写作框架。

　　第二章，联合防空反导作战大数据指挥概述。通过纵向对比、横向类比和概念辨析，对防空反导、联合防空反导作战、联合防空反导作战大数据、基于大数据的联合防空反导作战指挥等概念做出界定和诠释，重点探讨了基于大数据的指挥体制机制、情报侦察、筹划决策和指挥控制，凝炼了基于大数据指挥的特色优势，完成全书概念准备。

第三章，联合防空反导作战大数据指挥本质内涵。通过要素梳理、本质剖析和内涵挖掘，探讨大数据条件下的联合防空反导作战指挥要素、指挥过程、制胜机理和指挥优势，突出大数据应用带来的指挥要素改变、指挥过程重塑、运行制胜机理和预期作战效益，进一步确立基于大数据创新联合防空反导作战指挥的必要性、正当性。

第四章，基于大数据的联合防空反导作战全维态势认知。依托大数据认知联合防空反导作战态势，论证全维态势认知的必要性，构设支撑全维态势认知的大数据环境，重点围绕态势感知、态势认识、态势预判三阶段开展研究，形成了基于大数据的全维态势认知基本环节和流程，探讨了大数据的影响作用及在作战实践中应着力解决的问题，推动实现由占有作战数据优势向掌控信息优势转化。

第五章，基于大数据的联合防空反导作战智能筹划决策。围绕智能筹划决策的实现，首先分析了智能筹划决策的特点、价值及其在解决联合防空反导作战指挥问题中的用途，其次构设了支撑智能筹划决策的大数据环境，并着重探讨了智能化筹划作战构想、形成决策方案、计划安排行动三项内容，阐明了大数据的作用及实践中应把握的关键点，推动实现由发挥作战信息优势向形成决策优势转化。

第六章，基于大数据的联合防空反导作战精确指挥控制。依托大数据掌控联合防空反导作战行动，在分析精确指挥控制本质、目标及其对解决联合防空反导指挥控制难题作用的基础上，提出大数据需求并构设精确指挥控制大数据环境，重点围绕精确作战指挥控制过程中的指挥、控制、协同行动展开论述，阐明大数据的影响作用和实践中应把握的问题，推动实现由获得作战决策优势向达成行动优势转化。

第七章，联合防空反导作战大数据指挥创新 SWOT 分析。阐述 SWOT 分析法及其在联合防空反导作战指挥创新对策研究中的适用性，通过作战指挥内部优势、劣势、外部机遇、威胁四项要素的关联分析，解析策略空间并形成策略矩阵，概括提出联合防空反导作战大数据指挥创新的对策建议，为军队战略决策和作战实践提供参考依据。

本书由鲁晓彬撰写完成，路建伟审阅校对，期间参阅了大量国内外文献资料，不胜枚举，在此一并致谢！受作者水平所限，加之军事智能化理论研究犹如"暗夜中投石问路"，观点确立和体系构建中的疏漏、偏颇、谬误在所难免，恳请广大读者批评指正。

作者

2022 年 9 月

目录

第一章　绪　论

孙子曰："善守者藏于九地之下，善攻者动于九天之上。"作战，讲究的是用好手中的力量，善于防守的要隐藏实力避免过早暴露，善于进攻的要使对手不知道攻击将从哪里发起。

2017年以来，大国关系、地缘政治发生深度调整，现行国际秩序和制度安排遭遇挑战，传统安全威胁与非传统安全威胁轮番加剧，世界局势在风云变幻中风雷激荡、加剧紧张。以美国、俄罗斯为首的军事强国在陆、海、空、天、电磁、网信空间的空袭与反空袭力量展示和行动较量动作频频、亮点颇多。

陆上。2017年5月28日，在精确情报支援下，俄罗斯空天军①使用X-101隐身巡航导弹空袭叙利亚拉卡南郊"伊斯兰国"（ISIS）指挥部，当场炸死"拉卡酋长"梅斯里等330余名恐怖分子，俄罗斯国防部称ISIS头目巴格达迪在空袭中被"斩首"②。6月12日前后，在塔吉克斯坦"杜尚别-反恐-2017"演习中，俄军首次在境外发射伊斯坎德尔-M战役战术弹道导弹，该导弹飞行达到480km最大射程并精确命中目标。该系列导弹具有机动性好、准确度高、打击力强等优点，可突破现有反导体系突袭敌方纵深目标。

海上。美国东部时间2017年4月6日晚，位于地中海东部的两艘美军阿利-伯克级驱逐舰发射59枚战斧式巡航导弹，对叙利亚政府军沙伊拉特空军基地实施精确打击，摧毁了停放在该机场的叙军飞机，从而实现对该区域的空域控制。③当地时间2018年4月14日4时左右，美、英、法联军利用部署在叙利亚周边的导弹驱逐舰、隐身战斗机和隐身轰炸机，从三个方向同时发射防区外隐形巡航导弹，对叙利亚疑似化学武器（简称化武）设施和军营实施精确打击。得益于高效的战前侦察、战场伴动、航路规划和电磁压制行动，美、

---

① 2011年年底，俄罗斯成立空天防御兵，2015年8月创建空天军。

② 据美国政府网站报道，2019年10月26日晚，美军特种部队在叙利亚的突袭行动中，成功击毙极端组织头目阿布·巴克尔·巴格达迪。对于美国、俄罗斯两军前后再次"击毙"同一人，根据媒体披露的信息，美方消息属实的可能性较大。

③ 据"FOX新闻网"报道，美国东部时间4月6日晚，位于地中海东部的美国海军向叙利亚的Shinshar和Shayrat空军基地发射59枚巡航导弹，以报复此前一天发生的化武袭击。

1

英、法联军发射的 105 枚巡航导弹绝大部分命中目标。叙利亚地面防空力量组织了还击，具有高机动性和一体化搜索、跟踪、制导等自主作战能力的俄制"铠甲 S1"弹炮结合防空系统表现出色。

空中。2017 年 6 月 18 日，美军一架 F/A-18E"超级大黄蜂"战斗机，在叙利亚塔布卡以南击落一架叙军苏-22M 歼击轰炸机。① 两天后的 6 月 20 日，一架美军 F-15E"攻击鹰"战斗轰炸机在叙利亚南部坦夫，另一架巴基斯坦空军"枭龙"战斗机在巴基斯坦境内，分别击落一架伊朗无人机。②

太空。2017 年 5 月 30 日，美军在范登堡空军基地和太平洋夸贾林环礁之间，成功进行陆基中段反导系统首次拦截模拟洲际弹道导弹试验，具有"关键里程碑"的意义；7 月 11 日，美军又在阿拉斯加和夏威夷之间成功进行末段高层反导系统（THAAD）首次拦截远程弹道导弹试验，"强化了对来自流氓国家导弹威胁的防御能力"。③

电磁空间。2017 年 4 月 16 日，美军太平洋司令部称，监测到朝鲜在咸镜南道发射不明型号导弹，导弹发射后随即爆炸。关于朝鲜试射导弹连续失败的原因，英国《每日电讯》认为，可能是美军实施了基于电磁传导攻击的"主动抑制发射"干扰。④ 另据美国《纽约时报》报道，"美国运用网络战力量，成功对朝鲜导弹发射进行了网络攻击，造成其很高的失败率"。⑤

在 21 世纪初几场局部战争早已远去的今天，由军事强国发起的一系列信息化空袭与反空袭作战或试验，具有显著的全维情报支援、多域一体联动、精确快速打击、超视距远程攻击、智能人机协同等特点。以空基平台和导弹武器为主要手段的空袭作战，不仅继续扮演着"踹门""夺战局"的"急先锋"角色，未来还将扮演更加重要的"登堂入室""定胜负"的"一锤定音"角色。信息化战争正加速深度调整，特别是以大数据为代表的前沿技术军事化应用日益深化，将深刻改变未来空中作战的态势，正成为军事理论研究领域的新热点。当前，我国正面临新旧国际关系深度调整和大国博弈全方位展开的特殊时

---

① "人民日报海外网" 6 月 19 日报道：美国国防部 6 月 19 日证实，1 架美军 F/A-18E 战机在叙利亚北部击落了 1 架叙利亚政府军苏-22M 战机。

② "观察者网" 6 月 20 日报道：美军中央司令部称，当地时间 20 日中午，美军 1 架 F-15E 战斗机在叙利亚南部击落 1 架伊朗 Shahed-129 "察打一体无人机"；同日，巴基斯坦《黎明报》报道：巴空军 1 架 JF-17 战斗机在俾路支省使用 PL-5E 空空导弹击落 1 架伊朗同款无人机。

③ 《纽约时报》报道：5 月 30 日，美军陆基中段反导（GMD）系统成功进行一次拦截试验。

④ 2014 年，由美国总统奥巴马授权研究，通过"主动抑制发射"行动，在朝鲜导弹发射前后实施电磁传导或网络攻击，干扰导弹电子系统，扰乱指挥控制和瞄准系统，破坏导弹发射。

⑤ 援引自 2018 年 5-6 月号美国《国家利益》杂志封面文章《美国对阵中俄：欢迎加入第二次冷战》的相关消息。

期，周边局势持续动荡，局部矛盾联动发展，域内外大国持续加大对我国战略施压和军事围堵，对我国安全发展的内外部环境制造困难。为实现"两个一百年"奋斗目标创造安全有利的军事环境，是党中央、习主席赋予我军新时代的光荣使命。能战方能止战，能胜方能言和。紧扣信息化战争跃动的脉搏，加快多军兵种联合的防空反导作战研究，特别是大数据驱动下的作战指挥理论创新研究，是顺应世界新军事变革潮流，有效履行新时代我军使命任务的重要保证。

一、大数据时代的联合防空反导作战加速变革

从第一次世界大战开始，空中作战力量便参与到战争进程中，并日益扮演越来越重要的角色。空战中占据优势的一方，无不以其前所未有的位势和能势，塑造和主导战局向于己有利的方向发展，使防御一方空中安全面临巨大压力。战争中的空袭与反空袭是一对矛盾。空袭威胁的加大驱动防空能力建设迎难而上，围绕空袭与防空的竞争随着科学技术的发展呈现出螺旋式交替上升态势。21世纪初的几场高科技局部战争是现代空袭兵器和信息化作战理论的试验场，生动诠释了信息化空袭的巨大威力。近20年来，随着互联网、卫星导航、制导控制、电子工艺和材料科学等领域加快实现突破，空袭作战日益隐身化、高速化、多能化并走向无人化、立体化，攻击弹药及其作战运用更趋远程化、精确化、智能化和高效化，"战场空中化，空袭主战化"已成为当前和未来作战的基本形态。

空战能力，是科学技术发展和生产力进步的"集大成者"，它"天然"地与科技革命息息相关。如果说第一次"蒸汽革命"解决了动力问题，第二次"电气革命"把飞机送上了天空，第三次"信息革命"为空袭兵器安上了眼睛，那么正在加速到来的第四次"智能革命"将带来什么？2016年以来，围棋智能 AlphaGo 以超强战绩横扫世界围棋界（表1-1），人工智能时隔20年"再战江湖"并创造完胜奇迹。[①] 作为人工智能取胜的核心支撑，大数据（Big Data）所带来的革命性，甚至颠覆性影响迅速扩展到军事作战领域。追求"信火一体"是信息化战争的普遍共识，那么"信息力"与"火力"双向加强后又将带来哪些飞跃？世界军事强国抢占防空反导领域新军事变革制高点的努力是什么？我军借助大数据技术发展成就捍卫国家空防安全的出路对策是什么？

---

① 1996年2月10日，IBM公司的超级计算机"深蓝"首次挑战国际象棋世界冠军卡斯帕罗夫，最终以2:4落败。

本书将带着这些问题，走进未来大数据支撑下的联合防空反导作战指挥领域深处，探讨对策及答案。

表 1-1　AlphaGo 战绩

时　间	地点	对弈双方	战绩	结果
2016 年 3 月	韩国首尔	AlphaGo& 李世石	4∶1	胜
2016 年 12 月—2017 年 1 月	互联网	Master& 数十位围棋高手	60∶0	胜
2017 年 5 月	中国乌镇	AlphaGo& 柯洁	3∶0	胜

（一）空袭作战的先期性和威胁性越来越大

空袭作战，指使用导弹、炸弹、火炮和火箭等武器，对敌空中、地面或水上目标等发动袭击。空袭作战的先期性表现为交战前或作战前期行动发起方往往以先进空袭兵器对敌要害目标或关键防御设施实施压制和毁伤，为后续其他作战力量进入战场展开行动创造条件。当前，全球第四代主力战斗机和防空导弹武器的作战半径、制导精度和杀伤能力等均实现长足进步。为避免预警指挥机、远程轰炸机和加油机等重要资产遭受敌方防空火力威胁，同时又要在敌方预警雷达工作半径和飞机、导弹攻击范围之外发动空袭，空袭往往需要在远离目标的距离上发起。[①] 以 F-22 "猛禽" 隐身战斗机为代表的第四代战机配备先进的航电、雷达和武器系统，采用反辐射导弹、"联合直接攻击弹药"（JDAM）火控技术、"联合防区外攻击"（JSOW）精确制导技术、数据链等新手段，具备可全天候发起袭击、命中目标精度高、多机协同能力强等特点，导致防御方雷达不能用、不敢用，防空导弹看不到、追不上、拦不住来袭目标，防空作战陷入被动挨打局面。同时，远程超声速隐形巡航导弹具有雷达反射截面小、航路规划复杂、命中精度高等战术特性，在强电磁干扰伴随掩护下实施超高空或超低空突防，防御一方很难有效探测、拦截或规避，发现时往往为时已晚，空袭平台已安全撤离，从而达到了很好的即打即收效果。与此同时，近年来以美国为首的发达国家，提出 "全球快速打击" 构想（PGS），大力研发并试验试用高超声速飞行器。[②] 随着 X-51、X-37B、HTV-2、HIFiRE-2 等颠覆性空袭兵器飞行试验陆续取得进展，距离形成初始作战能力越来越近，"1 小时打遍全球" 即将成为现实。高超声速导弹具有探测发现难、稳定跟踪难、快速反应难、抗击时间短、有效拦截难、防御消耗大等特点，对传统防空反导体系有效

[①]　知远战略与防务研究所：《空战发展趋势及对未来空中优势的影响》，2017：41。

[②]　按照国际共识，速度达到或超过 5Ma 的飞行器称为高超声速飞行器。

性和国家战略安全威胁越来越大。信息化条件下局部战争向空中对抗和网电空间较量快速发展已是不争事实，信息化联合作战空袭和防空反导较量将更具决定性意义。占据技术和力量优势之敌，即使动用较少空袭兵力，也能严重威胁目标国安全，打击其军事和经济活动，扰乱社会稳定和民心舆论，破坏力巨大。

（二）大数据蕴含的作战指挥潜力广受重视

20世纪70年代末兴起的互联网，引发了持续性全球信息大爆炸，人类生产和拥有的数据规模呈几何级数增长。据统计，2016年全球数据量达25ZB（相当于2.5万亿GB），这一规模在2020年达到44ZB，其中我国约占数据总量的20%。"互联网+"时代，移动互联网、广域传感器、分布式云存储等技术的发展，使陆地、海上、空中、太空和网络空间数据汹涌而至，"大数据"概念闪亮登场。针对不同应用与层面的大数据定义如表1-2所列。大数据催生了人类认识世界的新思维、新方法、新范式，蕴含着巨大信息优势，如表1-3所列。大数据又称为科学研究的第四范式，即"只要数据量足够大，仅靠数据就可以实现科学发现"。大数据已成为信息时代的国家"信息边疆"，占有数据即占有竞争优势。2012年3月，奥巴马政府制定了《大数据研究和发展计划》，从2013年起国防部每年投资2.5亿美元支持以国防部高级研究计划局（DARPA）为主导的大数据项目研究。俄罗斯、欧盟、英国、日本等国家和地区也纷纷颁布大数据战略。国内方面，我国近乎与国际同步启动大数据与作战数据工程建设，党的十八大报告将"实施国家大数据战略"提升为国家战略，党的十九届中央委员会第二次集体学习围绕促进军民融合加快大数据发展进行了专题研究。随着技术不断成熟和实践应用不断深化，大数据技术的革命性影响在各领域日益凸显，越来越深刻地影响和改变联合防空反导作战指挥实践。在指挥系统方面，联合防空反导作战是基于信息系统的体系作战，瞬息万变的空中战场进入"读秒"时代，指挥控制系统与大数据的关系，如作战体系的"骨架"与"血肉"，大数据更新快、流量大、种类全的优势，为各参战力量密切配合、协调联动和精准发力提供了必要的可靠支撑。在指挥信息方面，从广阔战场空间获得的来源不同、制式各异、真伪难辨的数据，使决策运用变得愈发困难，大数据技术中日臻成熟的数据挖掘、关联分析、机器学习和辅助决策能力，能快速归化数据，从而将大量数据变成可用信息，使指挥员正确判明情况科学决策成为可能。在方案计划拟制方面，通过将易于量化的兵力、火力、战场环境、天候气象等情况数据，以及难以量化的战法谋略、指挥员品性、军心士气等人本知识进行合理界定、全面采集和专项梳理，构设逼真战场

"预实践"场景，最大限度预想各种情况模拟推演方案检验其可行性。在指挥对抗方面，对核心节点和关键链路进行破袭是体系化作战攻防对抗的焦点，占据数据优势的一方，通过数据流量追踪和网络热点筛查研判，可发现敌方作战体系的要害，精准实施信火一体"打点、断网、瘫体"战，从而达到扬己之长、避敌之强、击敌之短的效果，为战法创新打开广阔空间。

表 1-2　不同应用和层面的大数据定义

资料来源	定　义	应用及层面
维基百科	大数据指规模庞大且复杂的数据集合，很难用常规数据管理工具或传统数据处理应用对其进行处理	处理方法与工具
国际数据公司	大数据指海量数据规模（Volume）、动态数据体系（Velocity）、多样数据类型（Variety）、巨大数据价值（Value）	事物特征
美国国家科学基金会	大数据指由科学仪器、传感器、网上交易、电子邮件、视频、图像、点击流和分布式的数据集	来源与技术特征
麦肯锡公司	大数据是一个和社会其他重要生产要素类似，可以被采集、传递、聚焦、存储和分析的大数据集体（Datasets）	生产要素
高德纳公司	大数据是大容量、高速度和多样化的信息资产，并以低成本的信息处理模式增强洞察力和辅助决策	特征方法和价值

表 1-3　大数据技术蕴含的信息优势

过　程	特　点	效　果
分析数据	由抽样到全体，考察"几乎全部且不明确的数据"的整体关系	消除统计采样偏见
处理数据	由单纯到复杂，具有深层的不确定和涌现特性	容忍数据异构繁杂
提取结果	由因果到关联，能从数据的相关性中得出结论	通过关联预测结果
显示结论	由抽象到具体，数据可视化能将抽象结论直观动态显示出来	降低结论读取难度

(三) 信息化防空反导作战拐点正加速到来

攻强守弱是空中作战的基本态势。进攻一方为了以尽可能小的代价达成作战目的，无不凭借其信息和火力优势，通过非线式、非接触、非对称空袭来威慑和压制敌方防空力量。战争是输不起的！落败一方不仅要屈辱的接受"城下之盟"，更有可能面临人亡政息、政权瓦解的严重后果。围绕空袭与防空反导作战的较量，将在 21 世纪经济、科技、军事条件高速发展的背景下翻开新的篇章，其攻强守弱的态势也将面临转折机遇。一是作战指导理论创新加速进入拐点。由美军主导的近几场局部战争，遭受空袭一方无一不是反应迟缓、应对匆忙，其保守滞后的作战理念是失利的根本原因。当前，攻势防空理念正逐渐成为共识，突出一体联合思想，坚持整体对抗整体、体系对抗体系，采取联合行动、积极抗击、适时反击和严密防护相结合，甚至是对敌方空袭体系支点采取先发制人式打击清除，有力的防空反导作战同样能谋求先机主动。二是武器装备一体控制加速进入拐点。利比亚战争中，利军单节点部署、缺乏集成的苏式机械化防空系统，在西方信息化空袭面前，成了对方实战练兵的"活靶子"。随着第四代空袭兵器投入实战和新型高超声速武器加快列装，隐身战斗机、巡航导弹、反辐射导弹、空地导弹等逐渐成为中坚力量，大型预警机成为指挥中枢，电子战飞机、支援干扰机和多功能无人机等完成力量拼图，以单一防空力量抗击体系进攻难有胜算。在全域预警信息支援下，未来的防空反导作战，基础是构筑远程、中程、近程和高空、中空、低空无缝衔接的防御体系，手段是发展能对空、对陆、对海多模式攻击的巡航/反导武器系统，核心是完善能快速传递空情信息和快速目标识别并发射对应反制弹药的通用指挥控制平台。三是指挥体制机制革新加速进入拐点。伊拉克战争中，号称精锐的"共和国卫队"一战即溃，未发挥实质性抵抗作用，究其原因是指挥体制死板僵化，下级指挥官缺乏独立指挥作战能力。强大的战场网络基础设施、跨域联动的指挥控制系统、战术技术素养丰富的指挥员，使全网一体、异地同步指挥与机动指挥，集体指挥与无人系统自主指挥加快走入战场，防空反导作战指挥新的革命正在酝酿。四是战场态势感知拓展加速进入拐点。信息化空袭作战，说到底是强对弱、发达对落后、知己知彼对不知己不知彼的较量，占据优势的一方将因单向"透视"战场而从容取胜。然而，空袭作战的发起并非毫无征候，敌方政治、经济、外交、媒体舆论、军队调动部署等资讯汇成情报大数据，利用高速数据获取、处理和关联分析，能够帮助指挥决策机构透视战场"迷雾"，预判敌方动向，从而降低遭受空袭的突然性。五是作战筹划决策智能化加速进入拐点。在围棋智能 AlphaGo 完胜人类顶尖棋手后，其后继版本 Alphastar 正在挑战即时战略游戏"星际争霸 II"，并已进入前 0.2% 顶尖玩家的行列，距离打赢真实战争又近了一步。在全维化战场数据、模拟仿真数据和机器智能算法配合下，未来防空反导作战中敌方企图将被尽早判明，备选决策方案将制式生成，经过优选的行动计划将被模拟推演"预实践"，指挥员指挥指令和调控部署将被同步理解执行。建立在大数据基础上的机器智能，将极大克服人类生理局限，在未来防空反导作战指挥决策中发挥"奇点"作用。六是指挥控制精确化加速进入拐点。未来大规模兵力入侵和国家间全面战争很难发生，空袭作战将成为有限规模作战中的主要形态，对有限兵力的精确行动指挥、过程控制和动作协同变得极为重要。遍布陆、海、空、天、网、电空间的侦察监视设备跨域组网，专业情报数据人员可以多角度印证和研判打击效果、敌我战损等实况，武器装备、作战保障、后勤支撑等数据通过无线通信系统、战术互联网和数据链等实时送达指挥中枢，保障指挥员精准掌控作战进程。

（四）防空反导战场制胜面临机遇弯道超车

信息化防空反导是一场以抵消对手突防和攻击能力为目标的竞赛，任何对手都有可能抓住机遇弯道超车。一是可以抓住世界新一轮军事变革兴起的机遇实现超越。确立符合国情军情的联合防空反导作战指挥体制，通过力量编成调整和体制机制优化，明确谁主抓、谁主管、谁实施等抓手性问题，组建以区域联合作战指挥机构或主要防空力量为主导的联合防空反导作战指挥专门机构，针对不同战略方向和任务领域有重点的配置和部署力量，建立起一体互联的情报链、指挥链、行动链、保障链，真正将预警支援、防空、反导、防护等主战主用力量联为一体，以战场大数据的有效获取利用助推一体化联合防空反导战力生成。二是可以抓住"互联网+"时代的有利机遇实现超越。虽然在网络1.0时代，西方国家在国际互联网基础设施和标准建设方面遥遥领先并占据主动，但是以移动互联接入和数字化便利交易为主的互联网 2.0 时代，中国已稳稳占据领先位置。① "互联网+"时代滚滚而来的大数据是重要性难以估量的战略性资产，以联合防空反导作战应用为牵引的军民融合大数据条件和能力建设，将缩小敌我之间现实实力对比上的不平衡性。三是可以抓住防空反导作战体系网络化的机遇实现超越。当前，世界主要国家防空反导建设均主张"全维组网、一体联动、防反结合"。在海军、空军大幅实现现代化的同时，延展地面防空作战力量，加快完善固定和机动部署的预警力量体系，将有效突破防空反导作战体系的"木桶效应"困局，整体性增强防空能力。同时应依托栅格化战场网络基础设施，发挥大数据优势，健全联合防空反导作战指挥控制网络，建强网络战力量，针对敌机载信息系统、武器制导系统、指挥控制系统的关键节点和主干链路实施精准破袭，真正实现信火一体、攻防兼备。四是可以抓住周边国家防空反导力量深度调整的机遇实现超越。美国传统基金会（Heritage Foundation）《2015 年美国军事力量索引》认为，因预算持续缩减和对手强力追赶，美军已不具备"同时打赢两场局部战争"能力。美军战略收缩还表现在淡化或空泛化对盟友的传统安全保障而强调分摊共同防御费用等方面。周边国家的防空反导力量建设和编配，将在多重因素影响下发生深度调整，部

---

① 参见第三届世界互联网大会《2016 年世界互联网发展乌镇报告》。

分国家承担的安全义务与能力兑现脱节的情况将进一步凸显。这一对敌不利对我有利局面的出现，正是突破传统作战局限，扩大分层分段防御部署，构建完善模块化防空反导部（分）队并实施基于网络的一体联合作战，增强多型谱防空反导武器即插即战、共架发射和跨系统平台操控能力，完善联合防空反导指挥体系和力量编配等重点建设的大好时机。

二、世界主要国家军队纷纷瞄准前沿重点发力

以美国为首的超级军事大国，和以俄罗斯为代表的传统军事强国，以及日本、德国、以色列等科技强国，既是空袭作战创新发展的引领者，又是防空反导作战改革突破的推动者，还是以大数据为代表的前沿科技军事化应用的践行者。对比国外、我国联合防空反导作战发展的经验和做法，对抓好我防空反导力量建设和新型军事斗争准备具有重要价值。

（一）外军谋求以数据融通助推跨域多维联通

1. 联合一体化防空反导是总体发展方向

《联合一体化防空反导：2020 构想》① 是美军参谋长联席会议（简称参联会）首次提出的关于联合一体化防空反导作战的总体构想，主要目的是为美军联合防空反导能力发展展望和实现途径提供指导，代表了当今联合防空反导作战的总体发展方向。该构想的核心体现在五个方面。一是未来作战不能仅靠联合防空反导取胜，应将其纳入战区联合作战，与其他进攻性作战统筹考虑。二是应加快导弹防御系统全球扩散，鼓励盟友和伙伴国加大联合防空反导建设投入，引进部署或联合研发防空反导系统，提高联盟防空系统战时的互联互通互操作性。三是提升联合防空反导体系效能，有效实施威慑并在威慑失效后通过主/被动防御与进攻、动能与非动能等手段降低敌空袭效果。四是提高战场数据综合利用效率，汇聚、融合、共享各类作战大数据绘制统一战场态势图，实现情报、监视、侦察（ISR）系统效能最大化并降低对新的功能单一系统的需求。五是降低防空反导作战成本，寻求能降低使用成本的防御手段，评估当前传感器和数据项目以发现未有效使用的能力，用好廉价伪装欺骗手段，避免以高成本武器防御低成本进攻。同时，在军事大数据应用方面，美国国防部每年专门划拨预算用于支持军事大数据等前沿技术研发和应用研究，其下属

---

① MARTIN E. DEMPSEY：Joint Integrated Air and Missile Defense：Vision 2020，the Joint Chiefs of Staff，5 December 2013。

DARPA 陆续推出"洞察"（Insight）、"超级数据"（XDATA）等大数据项目，以求在联合防空反导作战人机协作、智能预测和决策辅助等方面实现突破，将数据使用效率提升至 100 倍。俄罗斯方面，2011 年俄罗斯空军、防空反导部队与太空部队重组为空天防御部队，从而实现将主要防空反导力量融为一体，增强了联合防御、一体抗击和跨作战责任区协同能力，联合防空反导作战重要性和联合化程度进一步增强。

2. 系统集成和装备兼容是能力演化基本路径

近年来，美国、俄罗斯、欧洲及亚太地区的防空反导力量正在从以第三代技术为基础向第四代技术体系升级迈进。美国《联合部队季刊》刊文指出，面对对手国家新兴的空中与导弹威胁所构成的复杂环境，联合部队应重新评估未来力量组织结构，以确保权力与资源集中，在美国国防部防空反导局实现联合能力同步。相关国家军队在权力和资源整合方面的主要做法有：一是拓展提升多基预警能力。美军通过采购并发射地球同步轨道卫星，加快完善天基红外监视系统以及陆基、海基预警网络建设，研发新型预警机和长期留空预警监视平台等，不间断推进海量空情数据采集存储。二是提升拓展成熟系统作战性能。加快研发试验"标准-6"、S-500、"箭-3"等五代防空反导系统，开发"非直接火力掩护能力"（IFPC）和"一体化防空反导作战指挥系统"（IBCS）等来共用其他雷达数据以解决受地球曲率影响造成的雷达全向探测能力不足问题，强化 THAAD、PAC-3 等四代防空反导系统的全向跟踪、多任务执行和射程扩展能力，升级改造三代防空反导指挥控制系统以实现与四代导弹装备兼容，加紧部署价格低廉、可共架发射多种类型弹药的末段近程防空武器系统，加紧车载、机载激光武器和微波、动能、定向能等新概念武器研发，构建性能提升、功能融合、成本可控、便于执行多样化任务的防空反导武器系统。三是推进网络化指挥控制。建立统一、通用的传感器网络，搭配空中预警机、舰载直升机、高空长航时无人机、低空小型无人机"蜂群"等机动作战力量，实现防空反导系统全域一体联网，借助大数据处理技术和人工智能辅助手段，发展空基 Link-16 数据链、陆基 IBCS、海基"一体化火力控制与防空系统"（NIFC-CA）等作战指挥控制系统，形成兼容组网能力、互操作能力及开放式体系架构，实现即插即战、优化指控程序、增强态势感知。

3. 区域性多边力量组网联合以实现体系融合

2017 年 4 月修订的美军联合条令《JP3-01 联合防空反导》规定，防空反导作战应将能力和相关行动予以整合，以捍卫美国本土和国家利益，保护联合部队，使对手难以通过空中和导弹能力对美国构成不利影响。美军联合防空反导体系按照本土防御优先、欧洲和亚太为主的原则部署。北美方向，以陆基防空反导力量为基础，采取集中用兵、混合编组、机动防御、主/被动一体的作战运用原则，已建成8个"爱国者"营和5个混编营（每个营由4个"爱国者"连和1个"复仇者"连组成），由THAAD系统实施末段高层面防御，由"中程扩展防空系统"（MEADS）实施再入段二次防御，由PAC-3系统实施末段低层点防御，由"指挥控制交战管理与通信"系统（C²BMC）实施统一的协调指挥，具备近、中、远程一体的防空反导能力。欧洲方向，联合出台欧洲导弹防御系统部署计划（分阶段适应方案），组建以中程雷达（EMR）、前沿X波段雷达（FBX）、相控阵早期预警雷达和陆基拦截弹为主的导弹防御系统，首套"陆基中段防御系统"（GMD）已在罗马尼亚完成部署并担负战备值班，第二套系统也已在波兰展开部署，美国欧洲分阶段适应方法（EPAA）可与北约主动分层反导系统（ALTBMD）互联互通，形成协调联动的反导能力。亚太方向，美国以编织亚太联盟防空反导网络为总目标。一方面与日本联合研发并部署由海基"宙斯盾"系统和陆基"爱国者"系统构成的"战区导弹防御"系统（BMD），部署陆基X波段雷达和海基相控阵雷达，并对日本"巴其"系统（BADGE）、"爱国者"系统与美国战区情报系统进行联网对接；另一方面支持韩国通过技术引进与自行研发开发"远程防空导弹"系统（SAM-X）与"中程防空导弹"系统（KM-SAM），升级PAC-2系统，并逐步实现与驻韩美军PAC-3、海基"标准-3"、THAAD之间的系统互联和情报共享。此外，支持我国台湾以引进PAC-3、升级PAC-2和生产仿制版"天弓-2/3"系列为主，推进其"强网"系统和美军"铺路爪"雷达（PAVEPAWS）共同提供防空反导预警；另外，美军已完成在关岛基地永久部署THAAD反导系统。美国依托美–日–韩、美–日–澳等三边或多边军事同盟，正加紧构筑区域性多段多层防空反导体系。与此同时，印度正依靠引进吸收俄罗斯、法国、以色列防空反导技术和武器装备，组建俄制S-400中远程反导系统，以制中程、近程地空导弹系统，法制近程面空导弹系统，积极实施反导拦截试验。我国周边已成为全球防空反导火力最密集的区域之一。

4. 系统互通和性能验证助推实战能力提升

2018年1月，知名智库美国战略与国际研究中心发布《分布式防御——一体化防空反导新型作战概念》报告指出，随着先进武器装备发展和作战环境变化，以俄罗斯、中国为代表的国家正在发展强大"反介入/区域拒止"（A²AD）能力，美军现有防空反导体系将面临严峻挑战，实现系统数据信息互通和分布式防御势所必然。基于国防预算持续紧缩和联合防空反导能力需求不断上涨等实际，美国国防部在加紧下一代关键装备研发的同时，把主要精力放在现有防空反导系统性能提升、系统集成和能力验证上，以地面硬件闭合回路试验和实弹拦截试验为主，频繁开展武器试验，对系统组件功能和实际拦截能力进行检验，验证系统成熟度。海基防空反导系统方面，"宙斯盾"基线 9. C1 系统连续试验成功，NIFC-CA 系统能集成海基、空基信息，为"标准-6"指示目标信息。陆基末段反导系统方面，IBCS 系统可进行有限自主决策，为增程型 PAC-3 MSE 分配目标，可同时拦截战术弹道导弹与巡航导弹，陆军"一体化防空反导"（IAMD）能力正在形成；陆基中段反导系统方面，C^2BMC 指挥控制系统引导"宙斯盾"、THAAD、PAC-3 系统等，成功实现同时拦截多枚中程弹道导弹，提升了系统互操作性、硬件适用性和不同体制雷达数据快速交换能力；陆基末端防御方面，C-RAM 反火箭弹、炮弹、迫击炮弹系统试验成功，辅助 MEADS 防空系统强化了末端防空能力。俄罗斯在加快 S-500 远程防空反导系统研发进程、验证"勇士"中程防空系统、改进"道尔-M2"和"铠甲-S"近程防空武器系统方面取得实质性进展，实战化部署进一步加快。以色列在美国支持下，依托装备技术和强大研发能力快速提升整体防空反导能力，"大卫投石器"远程反导系统加快集成，"箭-3"中程反导系统具备初始作战能力，"箭-2"战术反导系统成功完成升级改进，"铁穹"近程防空反导系统经受实战检验，采购和部署规模扩大。2013 年 9 月，美军第一个网络情报中心犹他州大数据中心建成，专门用于存储和处理侦察卫星、无人机、海外侦察站点、全球监控中心等渠道获取的海量情报，通过大数据技术过滤、筛选、处理、分析和融合，为作战与其他重要领域应用提供情报支援和决策数据支持。美军第四代空优战斗机 F/A-22 机载系统集成了强大的实时数据分析处理系统，能够在空战中形成压倒性优势，是大数据实战化应用的典型之作。美军新一代联合攻击机 F-35B 不仅可以在航空母舰着舰和起飞，更可以指挥控制"忠诚僚机"无人机群实施分布式作战，不仅实现了高速数据获取共享，更是在智能辅助系统支持下实现了分布式有人–无人协同作战。

（二）我军强调联动提质增效实施体系化作战

1. 新军事变革与作战力量转型升级为联合防空反导奠定基础

在加快新型作战装备发展的基础上革新军队编制体制和组织结构是激发新质战斗力的重要途径。20 世纪末以来，我军防空反导作战建设经历了厚积薄发式发展，新型武器装备研制、作战力量体系构建、战法理论创新和实战化运用验证等均获得提升。一是新一轮军事变革取得阶段性重要成果，各级联合作战指挥机构成立，领导管理和作战指挥理顺关系，部队规模结构和力量编成调整完成新型精干化、模块化、合成化多功能任务部队整体转型重塑，为更加机动、灵活、高效的承担联合防空反导作战任务创造了合适的力量编成和兵力编组条件。二是随着装备性能提升和信息化改造深化，我军各军兵种部队列装的新型防空、反导武器系统性能均获得提升。空战场上，以合"轰六-K"为主的空袭打击力量，"歼-20""歼-16"和"歼-10"系列等防空作战平台，以及各型号空射、陆基防空反导弹药，在天基侦察预警卫星网、固定和机动型相控阵雷达、战场骨干网络设施等支援下，提供了全方位国土防空能力和一定的反导能力；海战场，以航空母舰舰艇编队和舰载"歼-15"战斗机、多用途直升机等为主要力量，装配先进的对陆、对空、反舰及反潜导弹与一体化舰艇编队指挥控制系统，近年来通过不断拓展远海战备训练锻造提升了分域防空反导能力；陆战场，新型防空武器和反导装备性能加快提升、新编防空旅实现统编齐装满员，通过不断拓展强化和走活多军兵种联合对抗和跨区基地化训练，为陆军防空兵融入联合防空反导体系，保障陆战场对空安全发挥了重要支撑作用；火箭军部队战术弹道导弹和常规导弹力量作战运用更加成熟，战略支援部队专业化信息支援保障力量体系支援能力加强、后勤装备保障体系规模结构重塑和战场网络基础设施普及，使我军体系化防空反导能力获得可靠依托。三是随着信息化指挥控制系统逐步配套完善和防空反导武器系统网络化程度不断提升，以战场网络基础设施和战术数据链为纽带，军事大数据中心为依托，普遍装备并升级换代的一体化指挥控制系统为载体，常态化展开的多军兵种联合演练、复杂条件下的贴近实战对抗训练活动，助推部队联合意识、临战意识和联合行动能力快速提升，我军联合一体化防空反导指挥控制能力正在形成。

2. 坚持攻防并举和技战术灵活运用是联合防空反导制胜的关键

尖端信息技术高度融合集成的第四代空袭兵器配合形成立体空袭作战体系，隐身战斗机、巡航导弹、反辐射导弹、空地导弹等中坚力量前沿集结，大型预警机居中指挥调度，电子战飞机、支援干扰机和多功能无人机全程保障。未来我军对空防御作战可能的主要任务涵盖以下方面：一是防御隐身飞机。F-22"猛禽"隐身战斗机具有超强的隐身性能和较好的超声速巡航能力，在米波雷达及以下频段的远程预警雷达照射下，其隐身目标雷达反射面积（RCS）在 $1\sim4m$ 波长的电磁散射谐振区只与其几何外形有关，其他隐身设计在 L 波段几乎不起作用。因此，通过提高反导响应能力、射程和飞行速度，由 C^4I 系统将高空、中高空、中空、低空、超低空及地面防空武器系统一体联网，利用侦察预警和目标跟踪大数据，可尽远（远距离）发现、识别和预警来袭目标并组织实施多层多段抗击，大幅提升抗击隐身目标作战效能。二是防御巡航导弹。发动巡航导弹实施空袭已成为当今空袭打击作战的首选，美军等多国部队在叙利亚战场普遍大规模使用巡航导弹攻击，未来新型超声速、高超声速巡航导弹投入实战将导致威胁进一步增大。利用天基系统，特别是微型航天器群，通过地面部署的收发分置式雷达测量信息多普勒频移技术，可有效定位中、低空或掠海飞行目标，利用空中作战指挥中心或舰艇编队指挥所部署的大数据平台进行高速目标数据分析处理，可实现对巡航导弹类目标的高效探测跟踪。三是防御空射导弹。实战表明，空地（舰）导弹和反辐射导弹等弹药雷达反射面积小，发射高度和飞行高度变化范围大，在先期攻击地（水）面防空设施中将被大量使用。防御空射导弹和反辐射导弹可采取对空警戒雷达组网交替接力开机、地面阵地展开部署、目标周围配置大量诱饵目标等方式，降低来袭导弹目标瞄准精度与毁伤效能。四是防御无人机攻击。无人机已成为集侦察预警、目标引导、观瞄评估、武装攻击、信息作战等多用途于一体的新锐空袭力量。2020年初，驻伊拉克美军利用预先巡弋在目标空域的"察打一体"无人机精准击杀伊朗"圣城旅"前高官卡西姆·苏莱曼尼，造成伊朗军方重大损失，成为无人机作战应用于现代战场的典型案例。我军反无人机作战发展较快，"硬杀伤"方面，以微型动能杀伤拦截弹为主，可通过雷达回波直接攻击目标；"软杀伤"方面，既可以高能激光武器在40km范围内精准识别追踪无人机，还可以利用电磁脉冲、高功率微波照射、网络攻击切断指挥控制链路，同时也可以利用多波束雷达防无人机蜂群攻击，利用电子战系统反向攻击无人机控制平台等，反无人机作战已成为防空反导作战的重要内容之一。随着军队信息化发展，依托战场网络和军事大数据的信息共享、指挥控制、整体联动，将驱动我军联合防空反导能力整体跃升。

3. 加快系统互通集成和数据运用是体系作战能力形成的根本途径

当前和未来，联合防空反导作战在维护国家战略安全、捍卫国家核心利益、保持军事优势和实施有效威慑等方面的作用更加突出。从联合防空反导作战发展的趋势，特别是美国、俄罗斯等国防空反导作战的经验教训来看，加快各类系统互通集成和作战数据交互共享是提升联合防空反导体系化能力的关键。一是设立多级联合防空反导作战指挥机构，建立分级指挥关系，明确协同指挥方式，区分对空抗击行动和部队战术行动实施双重指挥控制。二是建立功能一体集成、接口标准和数据格式统一的指挥控制系统，制定施行作战数据共建、共享、共用、共管体制机制，以作战数据的全能利用和全向贯通提升一体化防空反导体系"互联、互通、互操作"能力。三是统筹防空反导能力建设和体系衔接，发展覆盖全空域目标的防空反导系统，并配以全程电磁防空力量支援，形成集全空域覆盖、多目标抗击和各类型弹药投射于一体的作战体系。四是发挥大数据技术情报侦察和态势预测、智能化筹划决策和精确指挥控制优势，紧密结合联合防空反导作战态势感知、筹划决策、指挥控制与效能评估等核心环节，推进指挥活动由经验型向科学型、由粗放概略型向精确智能型、由条块分割型向整体联动型转变，有效适应联合防空反导作战的高战略性和节奏快捷性。五是牢固树立联合防空反导作战指挥对抗由"信息-火力-谋略"对抗向"网电-认知-心理"对抗深广拓展的理念，推进理论突破、战法创新、预案设计和战备演练，加快部队面向未来战场的现代化建设步伐。

（三）大数据时代的联合防空反导作战研究亟待深化

1. 外军联合防空反导作战指挥面临协同一致性难题

为了防范来自空中的各式各样威胁，世界主要国家着眼时代发展要求纷纷加强防空反导能力建设，但是在增强本国防空反导体系跨系统衔接融合或强化盟友间协同合作的同时，仍面临一些亟待解决的问题。一是防空反导武器系统是典型的尖端技术密集型领域，联合一体化防空反导体系具有典型复杂网络特性，各组成系统协调运作、效能最大化发挥并形成体系化作战能力，还存在大量主观、客观难题需要研究解决。二是美国追求的联合一体化防空反导能力，需要以立体化分散部署的预警探测雷达系统、基础互联网络和通信接力平台为依托，其体系结构天然具有脆弱性，战时遭到破袭毁瘫将导致整个体系失能失效。三是美军在"有重点的"推动全球防空反导"扩散"的同时，要承担对盟友的安全保障和系统维护义务，而各国的基本国情和安全需求不同，军费承担能力和对军事打击的耐受力差异巨大，在防空反导武器系统的引进部署、技术理解和指挥运用等关键领域很难形成盟友间的整体一致效果。四是"改变游戏规则"的新概念空袭兵器是美军"技术突袭"思想的重要体现，但在大国竞争环境下其战术性胜利并不能平衡其在常规（核）武器方面可能遭受报复性还击的代价。五是大国间均致力于发展"颠覆性"空袭兵器，其最新成果运用将带来威慑并限制对手联合防空反导体系作战效能充分发挥，由此反过来造成的持续技术追赶、轮番系统升级和研发成本高等压力几乎难以承受。

2. 我军联合防空反导作战指挥的支撑体系基础薄弱

我国防空反导体系建设从重点设防到加快形成浅近纵深立体防御网，仍需关注和解决好强固基础设施及各层级互联互通的问题。一是从我军近年发展成就来看，防空能力发展明显快于反导能力，各军兵种防空反导能力建设理论和实际水平差距较大，距离形成联合一体化防空反导能力尚存明显短板弱项。二是我军着眼实现跨军兵种联合防空反导，已建立起相对完善的法规、制度和条令，构建起配套的指挥机构、体制机制、系统平台和保障条件，但是突破长期形成的惯性思维，实现联合防空反导系统功能融合和大体系能力聚合，仍需各部队走出"舒适区"进入"调适区"进行全方位探索磨合。三是有效指挥网络化防空反导作战的关键，是对海量社会网络资讯、军事系统信息和各类试验演训数据的精准、快速、深刻分析运用，我军军事化大数据研究与运用仍处于敌强我弱、民强于军、军兵种小系统强于跨军兵种大体系的状况，加快研发军事大数据技术，建设大数据资源，构建基于大数据支持的联合防空反导作战指挥体系、培育大数据运维使用专门人才已成当务之急。四是基于大数据的联合防空反导作战指挥指导思想、谋略战法运用、制胜机理探究、人机协作方法等领域的建设和应用需求急迫、任务繁重，急需加快研究深化。

3. 基于大数据的联合防空反导作战指挥急需重点突破

从世界新军事变革发展潮流、大数据技术发展创新和我军联合防空反导作战指挥的使命任务来看，联合防空反导作战大数据指挥应重点研究和实现以下五个方面的突破。一是解析基于大数据的联合防空反导作战指挥需求及其在指挥概念、体制机制、侦察情报、筹划决策、指挥控制等方面可能带来的变化，分析其深层机理和内涵本质。二是论述大数据条件下的联合防空反导态势认知活动，构设实现全维态势认知的大数据条件，推导实现全维态势认知的过程，阐明需要重视解决的问题从而为联合防空反导作战指挥提供有效情报支撑。三是分析联合防空反导作战面临的筹划决策难题及实现智能筹划决策的必要性，构设支撑智能筹划决策的大数据环境，通过筹划作战构想、设计决策方案、制定行动计划发挥大数据在作战决策中的辅助效能，解决联合防空反导作战筹划决策难题并提供智能决策优势。四是明确联合防空反导作战指挥控制的主要任务及相关需求，构设大数据支撑环境并在作战行动指挥、作战过程控制和战场动作协同过程中实施基于大数据的精确指挥控制。五是分析大数据条件下联合防空反导作战指挥创新发展的目标需求及存在的优势与不足，提出建设与实践中的对策建议。

三、联合防空反导作战大数据指挥创新需破立并举

任何技术革新与理论创新，都不可避免地面临传统思维惯性阻滞及未来发展不确定性的双重挑战。联合防空反导作战指挥与大数据实战运用，都是新兴领域的前沿问题，是亟待解决又较难把握的系统性问题。要在联合防空反导、大数据、作战指挥三个维度下，实现相关热点问题的聚焦和整体解决，就应以系统科学思想为基础，遵循联合防空反导作战的特点内涵、大数据资源和技术的作用规律、作战指挥的环节流程，由浅入深、由局部到整体实现新的理论创新体系的建构。首先，要从基本概念的辨析界定入手统一对相关问题的基本认

识，尽管相关论定诠释难以达到尽善尽美，但应仍力求最大限度遵循相关表述的基本规范，并以此奠定本书的理论框架和语言体系。其次，鉴于信息化联合作战指挥的高度复杂性和极端重要性，相关问题应以作战指挥流程中的基本环节作为主要研究对象，并总结运用多线索融合类问题研究解决的方案，以解决联合防空反导、大数据、作战指挥等多条线索在研究过程中的结合问题，同时对以上三个核心问题的研究论述采取相似的体系结构，从而既尽可能突出指挥能力又避免落入理论研究可能异化为技术解决方案的陷阱。最后，应着眼发挥理论研究的方向引领和决策咨询作用，选用对策类问题研究中的常用分析方法，针对前面所述内容和解决思路，对其内外部相关要素进行深层解剖和联动分析，进而提出有针对性的对策建议，以求实现理论落地、结论概括和论述收尾，使全书形成完整的逻辑闭环。

第二章 联合防空反导作战大数据指挥概述

概念，是描述事物的"细胞"元素，反映事物的本质属性。"兵圣"克劳塞维茨认为："任何理论都必须首先澄清杂乱无章的，可以说混淆不清的概念与观念。"理解和深化对基于大数据的联合防空反导作战指挥问题的认识，就要从与之相关的概念入手，深刻分析其所处作战背景和技术条件，严格廓清其理论边界的内涵外延，突出本质特征和主要矛盾，澄清模糊观念和错误认识，使理论研究从浅表走向深入。

一、防空反导作战

（一）防空作战

防空和空袭是相对而言的，有了空袭，就会有相应的抗击、反击、防护措施和行动来降低或消除空袭威胁。传统意义上的防空，主要是指对航空空域活动的目标，如飞机、导弹攻击等的抗击、反击和防护措施与行动。这些措施或行动，既有作战的也有非作战的，既有作战前的，也有交战过程中的，还有结束作战后的，覆盖的范围比较宽泛。《中国人民解放军军语》（2011版，以下简称〈军语〉）对防空的定义是："防备、抗击和反击空袭之敌的行动"。从这个角度讲，防空主要是指针对空袭之敌的行动，那么防空作战就是指对应的作战行动。因此，这里对防空作战的研究范围加以限定，即应对空袭之敌的作战行动，其他如政治、经济、外交等非作战类行动，不属于防空作战，而属于更高层次的战争行动。

关于防空作战对象范围的界定，外军和我军有所不同。美军认为，在导弹战出现以前，防空作战即反一切空气动力学目标的作战；导弹出现在战场上后，因对手的常规导弹作战能力通常有限，防空作战以防御弹道导弹以外的所有空气动力学目标为主。因此，美军认为的防空作战对象，包括各种飞机、巡航导弹、空地（舰）导弹、反辐射导弹、制导炸弹，以及伴随空袭行动的各种电子战力量。我军认为，早期防空作战的对象，包括以上所有类别的目标，而随着我军各军种防空能力的提升和独立反导作战能力的逐渐成形，反导作战从大防空的范畴中分离出来，当前对防空作战对象范围的限定有所缩小，专指除导弹目标之外的其他空气动力学目标。同时，近年来电子防空也多有提及，指防空作战中的电子攻防行动。

（二）反导作战

反导作战，是防备、抗击和反击导弹的作战。反导作战，是伴随弹道导弹在战场上的出现而出现的，通常理解为防御弹道导弹作战。《军语》相关表述为："运用反导武器拦截来袭导弹并使其失效的作战行动"。从这个意义上讲，导弹涵盖的范围比较大，因此反导作战的对象又超出了弹道导弹，扩大到所有的导弹武器，既包括导弹本身，也包括与导弹有直接功能关系的支持系统。因此，这里对反导作战的研究范围也加以限定，专指针对敌导弹武器系统进行的防备、抗击和反击行动。而支持导弹作战的其他非直接功能系统，如天基预警、拦截系统，往往涉及更高层的战略性行动，不在本书研究范畴内。

反导作战对象的范畴在不断发展变化，外军和我军对其也有不同认识。美军早期认为，反导作战就是指防御弹道导弹的作战，而随着远程化、隐身化、高速化、精确化的巡航导弹等日益受到重视并广泛应用于实战，特别是近几年来，美军把防御巡航导弹类科技含量较高的常规导弹也纳入反导作战范畴。对此，我军普遍认为，反导作战的对象应包含所有非核导弹武器系统，既有常规导弹，也有弹道导弹。进一步细化，在空袭平台（各种类型作战飞机）未发射导弹前，其属于防空作战对象的范围，从导弹击发飞离发射平台起，飞机仍属于防空作战对象，而向目标发起攻击的导弹则属于反导作战对象。从外军与我军对反导作战的认识看，都在一定程度上存在划分对象不合理的问题，难以严格区分防空作战和反导作战。反导作战和防空作战既相互联系又有所区别，应将其作为一个整体进行研究。

（三）防空反导作战

防空反导作战是防备、抗击和反击敌空中和导弹威胁的作战。其作战任务，既包括导弹及所有非导弹类弹药，也包括投射这些弹药的平台，还包括弹药与投射平台的直接支持系统。防空反导作战系统，主要包括侦察预警系统、指挥控制系统、火力拦截系统、作战保障系统等，其所具有的作战功能包括侦察预警、跟踪监视、身份识别、目标定位、指挥控制、火力拦截、跟踪制导、毁伤评估等，所追求的目标是致敌无法发起空袭，或使其空袭威胁被消除或降低。因此，防空反导作战是防空、反导相结合为一体的不加以严格区分的作战，既不能简单、机械的予以割裂，又难以由某一个力量单独实施，其先天具有联合作战的属性。

防空反导作战的对象，作为一个整体进行研究时，美军与我军的认识较为接近。美军认为，未来的空中和导弹威胁，包括弹道导弹、空气动力学武器（巡航导弹、空中平台、无人系统）、远程火箭、火炮、迫击炮等。随着武器系统技术含量的提高，上述作战对象日益向隐身化、超声速或高超声速化[①]、精确化制导和信息-火力一体毁伤等方向发展。总体上，美军把战役战术弹道导弹、亚声速和超声速巡航导弹作为反导作战的主要对象，同时随着少数国家高超声速武器逐步投入实战，未来也可能将携带常规弹头的高超声速巡航导弹纳入反导作战对象范畴。除此之外，其他空袭兵器及其直接支持系统，则属于防空作战对象的范畴。我军着眼于敌方空袭作战发展及我方反导作战需求，对联合防空反导的任务进行适当区分，一般将射程为1000km以下的战术弹道导弹、各种平台发射的常规导弹作为反导作战的主要对象，而把各种空袭武器载具、制导炸弹、低慢小无人作战系统等作为防空作战的主要对象。对于目前试验验证接近尾声的高超声速武器，以及其他新概念武器的防御，我军偏向于将其划入防空反导共同作战对象的范畴。对射程为1000km以上的弹道导弹、洲际弹道导弹、非常规（核）导弹的防御，属于战略反导范畴，不在本书研究范围内。

二、联合防空反导作战

（一）联合防空反导作战与联合作战

联合是当前和未来作战的基本形式。联合防空反导作战是防空与反导一体化的联合作战，它是我军联合作战的基本样式之一，是未来作战的主要样式。从包含关系角度讲，除了联合防空反导作战，联合作战还包括联合渡海登岛作战、联合边境反击作战、联合火力打击作战、联合封锁作战、联合空降作战等样式，它们的共同点是作战力量、目标和行动联合，不同点是作战规模、力量编成和行动方式等有所区别。一场联合防空反导作战不论其规模大小均构成联合作战，但联合作战往往由两种以上不同样式的作战共同构成。从作战规模角度讲，由于未来联合部队有明显的向多任务、模块化、精简化方向发展的趋势，因此小到旅级的战术兵团作战，也可能由数个军种的模块化营及相应规模

[①]　在涉及超声速（Supersonic）、高超声速（Hypersonic）两个概念时，按学术界的习惯进行分开表达，未加以归化。

的作战支援力量联合实施，其符合联合作战定义的一般性描述，属于联合作战；而大到战区方向级、战区级，甚至是战略级联合作战，同样由不同军种的作战力量共同参与，只是规模更大，力量更多，行动更具战略性。就联合防空反导作战本身而言，由于参战军种多，对抗范围广，指挥决策层次高，往往为战役级规模，因此属于战役级联合作战。

（二）联合防空反导作战与联合防空反导作战指挥

作战是一个过程，而作战指挥是其中的核心阶段。美军认为，"作战指挥是只能由联合司令部、特种司令部司令对其所属部队行使的指挥权"。美军把作战指挥定位为一种权力或一种组织领导活动，包括指挥和控制，即"在完成任务过程中，由适当任命的指挥官对所属和配属的部队行使权力和指导"。从美军对作战指挥的定义可知，其更多关注的是指挥、控制等作战指挥效能"质"的环节。我军认为，"作战指挥是指挥员及其指挥机关对所属部队作战进行的指挥"。我军更关注作战指挥各要素的增长变化及其相互作用等"量"变的影响。联合防空反导作战研究的主要任务是对其作战指挥活动进行研究，重点应包括三个方面：一是指挥理论研究，以揭示作战的本质性、发展性和时代性；二是指挥系统研究，以考察信息、技术、理论等作用于各作战要素生发整体大于局部之和的效能的途径；三是指挥活动研究，以探求作战指挥过程中大体系内部、各系统之间、作战系统与非作战系统之间完成信息与能量交换的机理。信息时代，推动作战指挥转型发展的"X变量"是信息，因此本节在研究联合防空反导作战指挥本质内涵的基础上，把侦察情报、筹划决策、指挥控制等最富含信息潜力的作战指挥过程，作为重点进行分析。

三、联合防空反导作战大数据

（一）联合防空反导作战大数据及其价值

2013年称为"大数据元年"，人类社会也由此进入"互联网+"时代。与过去以行业领域为基础的"+互联网"相比，以网络连接为基础的"互联网+"时代，大数据已成为军事斗争领域要素集成、体系融合和效能优化的重要基石。大数据既是战场数据的存在状态及相应处理技术，也是关键战场基础设施的重要组成部分，还是一种新的作战指挥思维和创新模式。联合防空反导作战大数据是作用于联合防空反导作战过程的大数据，是体系内各系统畅通联结、协调运行的"血液"。它既存在于组成联合防空反导体系的各个作战系统中，也存在于指挥控制系统将各分系统联结而成的网络中，还存在于运筹指挥作战的各级指挥员和参谋人员的头脑中。它是信息化防空反导武器装备的数据化呈现，是复杂网络体系中蕴藏巨大作战潜力的"数据矿藏"，是谋取联合防空反导制胜之道的数据智慧，是智能化战争时代抢占联合防空反导战场制高点的"大杀器"。加快大数据相关资源、手段和能力建设运用，将有力促进具有高度自主决策、自主行动能力的新型防空反导武器装备研发，有效提升防空反导战场海量侦察情报数据的使用效能，大幅缩短作战反应时间，提升"OODA环"循环联动效率，加快"从传感器到射手"实时打击所代表的信息化战争形态演变步伐。[①] 争夺"制数据权"，代表制权理论演进发展的未来走势，必将成为夺取制空权、制天权的前提条件，是保证"制信息权"的关键、遏制对手空袭企图的重要威慑。

（二）联合防空反导作战大数据范畴

由于大数据的繁杂特性，对联合防空反导作战大数据进行严格分类列举是十分困难的，只能从不同的层面和应用角度对其范畴做出概括。从所属的层面角度，联合防空反导作战大数据可分为基础数据（如战场环境大数据，部队指挥体制机制大数据、武器装备性能大数据，历史战例大数据，训练演习大数据等）、战略数据（如国际国内政治、经济、外交、军事动向大数据，天基卫星导航和侦察预警大数据等）、战役（术）数据（如敌方前沿空袭兵力部署和兵器操演大数据、敌舰机进袭航路规律大数据、敌颁布实施禁飞（航）令动态大数据等）。从作战相关性角度，联合防空反导作战大数据可分为一般关系数据（又称背景数据，如有关国际组织和主权国家发布的法令和规定大数据，进出港航班班次及航次大数据，网络及社交媒体舆情大数据等）、特征数据（如某海空域新近气象大数据，敌方空袭兵器特征和电子战系统信号大数据，某型武器系统作战运用特点大数据等）、精细数据（如敌方空袭平台编队批次与飞临架次大数据、监视预警系统观测的弹药飞行轨迹大数据等）、隐秘数据（如指挥网络通信流量特征大数据、相关地区金融市场趋势大数据、旅游禁令或出行提示大数据等）。从数据源角度，联合防空反导作战大数据可分为网络数据（如异地同步态势研判大数据，敌方及国际网络媒体舆情动态大数据等）、传感器数据（如武器装备运转性状大数据、空天侦察预警大数据、战场监视评估大数据等）、技术数据（如兵器操控指令大数据、有线无线通信信号大数据、情报数据自动筛选预处理数据等）、人工数据（如情况分析报告大数

---

① 佚名：《大数据成军事竞争新高地或改变未来战争形态》，Eastern RAND Report，2014：36-40。

据、作战决策计划大数据等）。不同的联合防空反导作战大数据分类，体现其在整个大体系中不同的角色地位，大数据带来的革命性数据处理能力，淡化了人为对数据优、劣或有用、无用的主观判定，各种制式、规格和质量层次的数据共同构成夺取制胜优势的重要资源。

（三）联合防空反导作战大数据在指挥中的应用

大数据在联合防空反导作战中的应用是全方位的，其中在指挥过程中的应用是核心。一是利用大数据获取情报信息。包括从全域分布的侦察情报系统中获取军事情报、从非军事渠道（如网络社交媒体、民用通信监听系统等）截取情报等，这一领域的应用最能体现大数据的广泛性、多源性特点。二是利用大数据深入分析预判战场趋势。发挥大数据技术的统计性搜索、归集聚类、比较分析、关联推理等优势，进行综合分析和模式识别，得出包括隐含的、潜在的、未来的趋势可能的高价值信息，从而及时判明敌方空袭企图、作战规律和兵力部署，认清敌我力量对比和战场态势发展走势，实现客观物质世界、主观精神世界和客观知识世界的数据有效融合，达到战场态势智能化感知和指挥主体的同步认知。三是利用大数据进行作战"预实践"。基于大数据支持的兵棋推演系统和智能专家系统，可以反复试验、分析、推导不同参数下联合防空反导作战效能的变化，从而发现实现作战效益最大化的最佳途径，并通过反复复盘和交互回放强化部队共同认知从而统一作战思想，实现以极小代价进行贴近实战的演练，不断强化兵器与战法的熟练运用程度。四是基于大数据组织筹划决策。在共享战场态势达成共同认知的基础上，指挥员要通过创造性思维活动，在计算机决策辅助系统支持下，关联融合敌情动态、上级意图和本级作战任务，对诸如兵力运用、火力控制、战场协同、作战保障、传感器调制等环节进行统筹谋划，得出科学、合理、详实的最佳决心方案。五是利用大数据进行战况监视与评估。未来联合防空反导作战主要是有限规模作战，通过大数据监视评估系统，对敌我双方各种作战实体的行动及作战效果进行跟踪观察，实时掌握双方作战潜力并合理配置己方作战资源，适时调控整体作战进程，组织阶段转换或结束作战，从而引导整个作战向有利于己方的方向发展。

四、联合防空反导作战大数据指挥

联合防空反导作战大数据指挥是指联合防空反导作战指挥员及其指挥机关，依托建立在大数据基础上的指挥条件，对分布于陆、海、空、天、网、电等多维空间的作战力量的行动实施统一有序的指挥。基于大数据指挥与基于信息系统指挥的区别，在于着眼未来联合防空反导作战需要，立足现用指挥信息系统及可调用支撑保障资源，按照大数据形成和发挥作用的流程优化指挥体制机制，发挥大数据资源、技术和平台优势开展情报侦察活动、筹划决策活动和指挥控制活动，提供联合防空反导作战指挥急需的关键能力，确保各个分阶段及整体作战目标的达成。

（一）按数据驱动优化指挥体制机制

指挥体制机制是联合防空反导作战指挥相关的机构设置、职权划分、运行规则和相互关系等的统称。[①] 大数据时代的联合防空反导作战，数据驱动是最突出和最明显的标志，对指挥机构设置、指挥系统建立、指挥关系确立和指挥方式选择提出了新要求，赋予了新能力。从所承担的根本任务和要解决的关键问题入手，以数据驱动确立和优化指挥体制机制，是实施基于大数据的联合防空反导作战指挥的必然选择。

1. 指挥系统高度集成

信息化联合防空反导作战指挥对抗贯穿全程，各类侦察预警力量获取的海量情报数据实时涌现，复杂多变的空情态势同步展现，联动交互的筹划决策交织同步，伴随全程的网电攻防隐于无形，艰巨繁重的作战保障快速灵活，共同决定了指挥系统的建立必须突出系统集成思想、增强辅助决策功能、采取"互联式"体系结构，从而形成和提供高效的数据"吞吐"能力、立体直观的展现能力、智能快捷的决策能力、可靠顽存的抗毁能力和实时精准的保障能力。依托大数据技术的强大虚拟计算资源、分布式数据存储设施、封装化数据分析服务功能，建立情报"数据池"，为联合防空反导作战指挥提供海量情报资源存储和共享支持。在各级指挥机构建立相应的作战原则、指挥规则、历史战例、案例推演和战争模型等知识库、专家系统，按照指挥层级、作战规模和任务属性为指挥机构实施敌情判断、兵力计算、战法运用、计划生成提供智能辅助和底层支撑。在各作战指挥机构前台构设全维实时态势融合显示系统、共网虚拟同步研讨作业系统、动态实力数据查询检索系统等平台和终端，为各级指挥员快速掌握情况、分布联动决策和同步定下决心提供平台支持和咨询建议。同时，为了适应联合防空反导作战的高度战略性和即打即收快节奏，网络化指挥控制系统还能为上级指挥机构乃至最高决策层提供直达武器平台的兵力火力越级指挥控制链路，以便情况紧急时保证处在最佳指挥位置的联指机构能跨系统、跨平台指挥作战，未来甚至可由智能无人系统根据目标信息自动控制

---

① 根据《辞海》对体制、机制词条的释义。

24

武器弹药实施打击。在栅格化高速通信网络和前沿机动部署的有（无）人网络节点支持下，大数据驱动的指挥系统将极大地提升指挥机构应对联合防空反导作战频密、实时、剧烈的指挥效率和对抗效能。

2. 指挥机构简洁精干

未来联合防空反导作战，各级各类作战单元和指挥实体疏散分布于广阔战场空间，各类攻防对抗和指挥活动多维立体密集展开，各项指挥、决策、调控活动在多级指挥主体间交织同步进行，精确制导武器"外科手术式"定点清除和网电空间渗透跳转攻击等严重威胁指挥机构安全，客观上决定了作战指挥机构必须部署分散化、联通网络化、反应快速化、行动联合化。按照网络化扁平指挥机构设置的思路，我军联合防空反导作战指挥机构可设置为战略级、战役级、战术级三级体制，扁平、简洁、精干的指挥机构，通过战场互联网、指挥专网和战术数据链构成联合指挥网络，提供全维无缝覆盖能力、随遇接入延展能力、互通互操作协作能力，把地域上广泛分布的指挥机构紧密连接成一体同步的有机整体。

3. 指挥关系动态调整

指挥关系的确立取决于相应的指挥体制机制、作战行动样式和战场态势发展。不同战区或任务方向的防空反导作战能力需求不同，不同交战时节的作战力量运用次序不同，不同性质来袭目标的防御对策不同，不同作战对手的谋略战法思想不同，不同作战行动的建制力量与支援力量编成模式不同，不同陆、海、空、电磁和网络空间指挥基础设施功能不同，以及我军新的指挥管理体制下联合防空反导作战指挥机构横跨各级联指和各军兵种指挥机构的实际，决定了指挥关系的确立和调整不能简单因循以往的隶属、配属、支援关系，而应依据战场态势发展变化灵活调整确定指挥关系，并根据指挥作战的需要适时转换指挥关系。网络大数据支持下的联合指挥系统，需要提供对敌方空袭目标指示和威胁度数据、我方抗击兵器作战特性和操控数据、散布战场空间的各类作战力量最优化使用策略等的立体展示和交互认知。通过高性能作战计算快速生成兵力运用和力量模块编组建议方案，自主可控面向不同层级、战位的指挥员和参谋人员同步开展研讨校验，可快速修订完善战前预案、战时行动方案并适时调整指挥关系。

4. 指挥方式

指挥方式的选择以任务性质、指挥能力和指挥条件等为前提，直接影响和决定作战指挥效能发挥。联合防空反导作战的极强战略性和决战决胜性要求指挥机构必须高度权威，一体联动、复杂交织的抗-反-防作战行动要求指挥能力更具弹性和适应性，信火一体、打点瘫体、断链破网的严酷指挥对抗环境要求指挥基础设施更具自主性、灵活性和顽存抗毁性。纵向贯通、横向一体、机动接入、全网通视的立体化指挥网络，为纵向上实施按级指挥、越级指挥、同步联动指挥，横向上实施集中指挥、分散指挥、独立指挥，斜向上实施复合指挥、交叉指挥、接力指挥提供了可能。指挥方式的灵活选择既能保证各级指挥员通视全局、把握重心、合理用兵，也能保证各级指挥员从战场实际出发进行创造性思维，最大化发挥主观能动性，同时还能保证在友邻指挥员面临紧急情况或处于非最有利指挥位置时，通过指挥网络跨系统平台实施临机支援指挥。数据驱动下的网络化指挥平台，使数据互联互通优势跨越了专用平台数据不通用的壁垒，使联合抗击的总体作战有利模式超越了分头抗击的局部最优模式，使跨平台接力支援指挥破解了在单系统指挥受限时整体战斗力瓦解的难题，为上级指挥机构把握控制关键性作战，平行指挥机构跨系统指挥调用优势资源，本级指挥机构最大化发挥自身潜能提供了条件，为各战场空间作战效果相互叠加利用创造了可能，也为指挥谋略艺术在信息化防空反导战场上自由发挥开辟了广阔空间。

（二）依托大数据资源获取情报信息

侦察情报对抗追求的是"知己知彼，百战不殆"。

信息化联合防空反导作战的情报保障要求高。实现战场"单向透明"要求情报数据尽可能丰富多样，实现快节奏、高效率的空防对抗要求情报保障实时快捷，实现指挥精确设计和战场科学管理要求情报保障精准前瞻，实现多域联动和效果互相利用要求情报保障充分共享，情报数据质量成为战斗力生成的核心要素和作战指挥行动的制胜关键。然而，空前复杂的联合防空反导战场，海量的低价值密度战场数据快速涌现，多种渠道的数据来源真假互见，类型繁多的数据格式处理复杂融合困难，不同系统生成的数据资源共享交互滞后。作战情报大数据在解决了数据有无问题的同时，也给情报部门带来了因处理能力受限而"淹没"于数据海洋的危险。

军事大数据的加快实践应用，为联合防空反导作战侦察情报工作带来了革命性影响。海量的环境数据使情报来源覆盖更加全面，不同角度的数据抽取印证为还原战场实况带来可能，全样本数据的无差别关联分析推理使情报处理由主观定性概略分析转为总体量化推理描述，保障模式的机动灵活组合使情报工作从分层定向保障转向按需精准投放，态势数据的立体交互共识使情报判读从分系统延时割裂转向跨系统实时交互认知。军事情报大数据的高效益支援作战能力使得占据数据优势的一方既可以清晰准确获知敌情，又可以稳定实时掌握己方情况发展变化，同时使各级指挥主体实时共享并同步研判战局发展走向，提前进行合理筹划决策，从而增强对全维战场的态势认知。伊拉克战争中，装载有"快速战斗影像系统"和"目标实时跟踪修正系统"等大数据分析处理系统的美军作战飞机，能够有效规避地面防空火力并准确掌握敌方目标重要动向，情报获取能力大幅提升。

（三）立足大数据分析实施筹划决策

筹划决策的最高境界是"运筹帷幄，决胜千里"。

现代空袭作战的战略性极大增强使其作战企图的隐秘性格外受到关注，有限规模的精打要害作战使首战首胜更具决定意义，立体快速的饱和式攻击使防御作战的反应时间大为缩短，突防兵器的隐身化、精确化、远程化使有效抗击防护手段的选择更加困难，即打即收的机动性部署空袭平台使反击作战的效用空间有限，网电攻防的全程关注使高科技防空反导作战力量战时面临被敌"致盲""致聋"失能的危险。联合防空反导作战指挥决策，要求对敌情报数据的掌控更具全面性、准确性，对敌空袭作战企图的预判更具前瞻性，对首轮作战的艰巨性、要害性把握更加准确，对敌空袭体系运行的强点、弱点更加清晰明了，对高科技强敌空袭兵器的"命门""软肋"更具"一招制敌"能力，对敌网电作战的模式和机理更具适应能力和反制手段。

面对强敌以信息能力为共性优势的空袭作战体系，基于大数据的筹划分析和战场决策，通过对敌政治、经济、外交、科技，甚至社会日常生活等公开渠道征候数据的联系分析，特别是借助大数据关联推理能发现对方刻意隐瞒的真相而破除强敌隐真示假的企图，获得真实深刻的敌情洞见，对敌方空袭作战运用规律和力量部署变化的数字化模拟推演可快速形成先期防御对策，敌方作战实施所依赖的地区盟友力量和态度的不平衡性使我方威慑和遏制"强敌介入"的手段选择更具灵活性，敌方先进空袭兵器对指挥"数据链"的高度依赖性使我方采取有针对性反制手段迫使敌方脱离既设阵地将极大降低其体系作战效能，大数据安全检测和信息防御机制的完善和对敌网电作战关键节点的渗透破袭将造成方敌方心理震慑和被动诱导，为智能科学筹划作战创造条件。

（四）面向大数据适时进行指挥控制

指挥控制的最佳途径是"因势利导，循循善诱"。

联合防空反导作战，一体化指挥控制是必然趋势。体制不同、种类繁多、性能各异的防空反导武器装备使战场协同难度空前增加，广阔战场空间的多维立体对抗使战场控制的范围持续扩大，空袭作战的快节奏使集中用兵更加短促快捷，空袭之敌实施全面压制使战场不确定性风险有增无减，对我侦察预警、网络联通、武器制导和战场生存等造成巨大考验，空前增强的战略性使防御作战控制程度服务整体战略的要求更高。实施联合防空反导作战指挥控制，符合实战需要的指挥控制层次、跨度是形成协同作战能力的关键，要求连接互通广阔战场空间各种力量的数据更具稳定性、可靠性，要求指控数据驱动各战位行动更具实时性、通用性，统一目标下的分散控制要能更好处理全局与重点的关系，根据战场实际和战略目标实现程度控制的标准要求更高。

作战指挥基础设施的完善和战场监控系统的建立，使基于大数据的指挥控制成为可能。战场指挥控制网络基于大数据支持的认知交互、态势共享、异地同步和智能辅助系统，使跨层次的指挥决策更具科学性、整体性，统一格式和标准的指控大数据使指挥控制更加互通全面，精确、实时、简洁的指挥指令同步分发、按需推送、动态反馈能确保各级指挥机构透视战场联动精确控制，基于精确化对敌监控和对己掌控使评估作战效果布局后续行动更加贴合战场实际，围绕统一目标的数据化作战进程和程序化控制将更富于精确性和可操作性。基于大数据的各类作战要素、行动和效果的关联互动和深度耦合，使战场精确指挥控制成为可能。

第三章　联合防空反导作战大数据指挥的
本质内涵

　　本质内涵，反映基本概念与内在属性之间的关系，对事物本质内涵的探察是认识由表及里深化的过程。基于大数据的联合防空反导作战指挥的本质内涵，是在遵循防空反导作战指挥固有的、基本的属性、原则和规律基础上，从时代发展对防空反导作战的影响和大数据优势能动作用于指挥过程所生发的效应角度，刻画其指挥要素、指挥过程的新变化新面貌，探讨其制胜机理、指挥优势的新特质、新精髓，为全面准确理解把握基于大数据的联合防空反导作战指挥进行理论和认识准备。

一、体现多能实体"即插即战"特性的模块化指挥要素

　　《军语》对指挥要素的定义为"构成指挥的必要因素。包括指挥者、指挥对象、指挥手段、指挥信息、指挥环境等"。其中，指挥者和指挥对象构成本质内涵中组织与人的因素；指挥手段包括指挥工具与方法，构成本质内涵中物的因素；指挥信息是蕴含于指挥数据中的作战知识，构成本质内涵中信息的因素；指挥环境是影响指挥的各种主、客观情况和条件，构成本质内涵中环境的因素。世界的本质是数据，联合防空反导作战指挥诸要素，均可由数据表征，其汇集成的大数据无疑是作战指挥最大、最显著的环境因素。基于此，我们对大数据因素作用于其他指挥要素带来的变化做重点探讨。

（一）指挥主、客体灵活转换

　　指挥要素中的指挥者即指挥主体，指挥对象即指挥客体，指挥主体是指挥的施加者，指挥客体是指挥的被施加者。指挥主体和指挥客体因在作战指挥体系中所处层级不同而担当不同角色，除最高统帅以外，各级指挥者既是上级的指挥客体，又是下级的指挥主体。联合防空反导作战既是一体化联合作战的重要组成部分，又以联合作战的基本样式独立实施，各级指挥机构和人员既是上级实施联合防空反导作战指挥的参与者，又是指挥控制本级作战力量和武器装备的主导者。这一角色相对性，以及基于大数据的联合防空反导作战的复杂多

变性，决定了指挥主、客体的组织具有较大灵活性。

联合防空反导作战参战力量多元，作战突然性强，指挥复杂度高，只有指挥力量组合简洁、上下级配合默契，才能有效应对各种严峻局面。战场态势多变，不同对手的力量运用和作战指导各不相同，指挥作战不仅要有适应某一对手特点的针对性，也要有适应不同对手的灵活性，唯有"以变制变"，紧跟战场态势演变机动调整编配指挥力量与指挥手段，才能谋求和达成有限力量的最大化运用。作战精确性高，消灭或削弱对手有生指挥力量始终是体系作战关注的焦点，优势之敌以高科技兵器实施定点清除的"斩首"行动是基本作战运用，要求指挥机构必须具有顽强生存能力和充裕弹性。部队集成度高，更趋模块化、专业化、精简化的力量运用要求指挥机构更加集成通用，能根据作战任务和参战力量的组合灵活搭配编组。指挥智能化提速，基于大数据的人-机结合智能决策正经历由决策辅助向决策支持的重要转变，使指挥作业对人的依赖度降低，"数据化、智能化、联动化"的指挥决策要求指挥力量编组更权威、更简洁、更通用。

适应未来联合防空反导作战指挥需要，指挥主、客体需更具多能性，以应对指挥层级压缩和跨度增大的挑战；需更具适应性，以应对不断发展变化的战场态势；需更具集约性，以应对临机组合快速生成指挥能力的考验；需更具精准性，以应对高度数据化的指挥过程。基于大数据的联合防空反导作战，全天候的数据支持使针对特定作战目标的任务部队更趋精干高效，为指挥员组合多种力量提供了广阔空间；在完备数据库、战例知识库和模型库等支持下的一体化指挥平台，各级指挥主、客体可逼真模拟对手研讨战法、演练各种作战预案，为战时有效行动、灵活应对打下坚实基础；智能辅助决策系统针对获得的实战数据、模拟数据、历史数据进行深度学习、自我博弈、自主训练，增强数据力和综合决策力，为指挥机构适应并融入复杂作战体系创造条件，按功能组合的指挥机构运行更加协调稳定；"网内、网际"多路互联的指挥网和数据链，在增强指挥主、客体逻辑空间联系紧密度的同时，弱化其物理空间联系的紧密度，为防范敌方精确打击，提高战场生存能力创造了可能。基于大数据的指挥提高了指挥主体和指挥客体战场适应性、灵活性，更适应高强度的联合防空反导作战指挥需要。

(二) 指挥手段多维联网

指挥手段包括具体的指挥工具和抽象的指挥方法，是联结指挥者、被指挥者的桥梁，是确保指挥意志向指挥实践转化的途径，其综合运用效果影响作战进程和结局。联合防空反导作战指挥手段的选择和运用，受指挥环境、指挥条件和指挥能力等影响，具有鲜明的时代特征和科技特色。

联合防空反导作战科技含量大幅提升，强敌凭借不对称优势实施"非接触、非对称、非线式"作战已成为现实，瘫痪对手指挥手段而不被对手瘫痪成为制胜基本途径。在大国竞争的大背景下，防空反导作战烈度有限，对手国家拥有"相互摧毁能力"决定了其作战目标更具现实性、可控性，武器装备综合作战效能的大幅提升要求精确指挥控制以降低附带作战影响。多维空间行动"同步展开、立体突袭、快打快收"的作战进程，要求指挥手段必须依托大数据网络增强调度各作战力量的时效性。作战力量更趋模块化、小型化，各类作战数据流动交互密集，指挥响应的复合性强，要求指挥手段必须高度集成通用。由于我军正经历由半机械化作战向机械化作战、信息化作战过渡，受信息化条件下实战经验不足等不利因素影响，联合防空反导作战指挥既要最大限度发挥大数据等新兴技术效能，也要确保在指挥系统遭敌破坏后依托传统指挥手段及自主指挥方式接续指挥。

为了有效应对联合防空反导作战指挥面临的挑战，需要指挥手段网络化，以紧密联结广阔战场空间和多元作战力量；需要指挥手段机动化，以适应攻防节奏的快捷多变；需要指挥手段数字化，以促进实时密集的指挥数据全网交互；需要高低技术含量、新旧类型指挥手段复合运用，以消除指挥机构面临的战场生存威胁。基于大数据的联合防空反导作战，广域布设的战场"高速数据干线"，为指挥者提供了通视战局、快速反应的指挥手段，有助于抵消对手不对称技术优势；全维无缝覆盖的态势交互显示系统，消除了快节奏、高强度攻防对抗中下级理解执行上级决策意图的盖然性；预先装订目标特征数据的武器平台，依托多基接力的目标指示系统和末端侦测数据解算模块，能极大延展远程精确作战指挥能力；网络化智能终端，既能确保战况偏离预期时由权威指挥机构跨层级实施越级指挥，也可在指挥系统遭袭受损时由下级实施自主指挥，避免树状结构"断其一枝，瘫痪一片"的弊端；依托一体化指挥平台实施并行联动作业和同步认知交互，能确保各级通过态势大数据同步感知战场态势和发展走向，自动生成的制式化作战指令能跨军兵种作战平台发布共享，使各作战力量的战场响应速度和协同力度大幅提升，确保各部位、阶段作战效果耦合叠加和总体作战目标达成。

（三）指挥信息精准分发

广泛连接的作战指挥系统是联合防空反导作战体系的"动脉"，而指挥信息是在其中流淌并驱动整个作战体系运转的"血液"，作战数据广泛存在并应用于指挥系统、信息化武器平台和各类侦察预警设备，是制约指挥成败甚至战争胜负的核心资源。如果将四通八达的指挥网络比作信息化战场的高速公路，大数据就是载有指挥信息的高速车辆，大数据运行模式决定着指挥信息的运转模式。

联合防空反导战场的"制权"争夺联动性强，掌控"制信息权"是夺取"制空权""制海权""制电磁权"的前提和基础，围绕指挥数据与信息的较量紧锣密鼓、贯穿全程；联合防空反导作战的全局性、战略性强，要求作战目标精心选定、作战行动精确设计，施加指挥的操作过程和控制高科技装备的指令数据必须准确无误；联合防空反导作战指挥时效性强，作战进程快节奏和各战场紧密衔接，从大数据中提取的指挥信息能否按需送达或实时推送，不仅影响当前作战，更影响战局发展及后续行动；联合防空反导作战指挥信息来源渠道众多，能否从平时的情报储备和战时的侦察大数据中快速提取真实、有用的信息，融合转化为"态势认知""决策计划"和"控制指令"并按需推送至各类指挥实体和平台，将深刻影响指挥效能发挥及战场主动权的获得；联合防空反导作战信息化装备占比高，各种协同与指令数据快速涌现且非线性跳变，使作战行动的指挥面临"跟不上、抓不住、用不好"数据的困难。

满足联合防空反导作战的指挥信息要求，需要夺控战场"制数据权"以保持多维空间的主导权，需要增强指挥信息的全面性、准确性以达成对高科技装备的精准操控，需要提高指挥信息的时效性以适应深度关联、瞬息万变的战场态势，需要加强全源数据分析以洞悉战场实况生成指挥认知和装备指令。基于大数据的联合防空反导作战指挥，对海量情报资源的深度挖掘、分析，能克服数据的粗糙和价值稀疏，强大的数据"加工吞吐"能力可将数据降噪去冗融合，增强高价值信息的置信度；通过将敌关键空袭资产的长期跟踪监控数据和战时动态特征数据做对比研判，利用异常监测预警机制可尽早察知目标动向，进而由太空、网电或特种侦察力量做进一步查证，自动标绘态势图并生成目标指示信息，辅助指挥员快速决策或根据预案自行组织抗击；联合防空反导大数据指控平台，能高效融合、处理和挖掘多源结构化、半结构化与非结构化数据，在知识数据库和专家系统辅助下，智能化生成决策、指挥和行动方案，极大缩短对敌做出反应的时间；网络化连接的指挥机构，可在数字地图上多维融合、异地同步标绘和观察态势，从而确保各级指挥员共视战场图景，预判目标威胁及后续行动，综合运用人-机系统和指挥谋略，争取"侦-控-打-评"一体化的优势地位。

二、破解多域联动"组网融合"难题的弹性化指挥过程

指挥过程是各类指挥要素参与指挥实践的经过，是一个动态的、富有弹性的、无固定模式的节点式进程。其弹性体现为具有更强的自主性、可扩展性和适应性。指挥过程不同于指挥流程，后者更强调指挥步骤和顺序；指挥过程也不同于指挥活动，后者更强调指挥思维和行动。基于大数据的联合防空反导作战指挥过程的核心，是大数据条件下的指挥要素在指挥实践中的相互作用和影响，主要表现为多域组网联动的弹性化指挥作业。

（一）平行受领理解任务

理解任务，也称了解任务，是指对上级作战企图、本级作战任务和可能得到的支援等的认识把握。理解任务的关键是认清本级任务在作战全局中的地位作用，以及与作战指挥相关的其他活动的关系和要求等。

传统模式下的理解任务是一个从上到下分级实施的过程，强调将任务逐级分解。上级对情况的理解对下级具有决定作用，而下级只能在上级的任务规划基础上做进一步理解，理解任务的结论单向传递。这样的模式周期长，灵活性差，对战场情况的变化反应慢，上级理解上的偏差极易在向下传递过程中被放大，很难适应联合防空反导作战全维对抗、紧张激烈、不确定性大的要求。基于大数据的联合防空反导作战，强调指挥全要素集成的指挥控制自动化系统（C^4ISR）系统，通过一体化指挥网络将地域上分散的各作战力量指挥机构虚拟在同一维空间，联成一个"大成智慧研讨厅"。[①] 上级的企图是什么，本方向的敌情是什么，当面之敌的动向是什么，均可通过大数据可视化来虚拟同步显示，既能在横向上降低空间理解维度，也能在纵向上缩短作业流程长度，为不同机构、部门理解任务创造条件并消除隔阂。

基于大数据的平行理解任务过程，大数据系统对全格式数据的兼容、聚类和展现，既能保证多回路战场监视和实时互动交流，解决了机械化、初期信息化阶段各级指挥员认知战场态势的不对等、单纯依靠语音或数字交互的不全面、指挥作业过程对指挥系统过度依赖等问题，又能保证上下级在近乎平等的参与和研讨条件下同步理解任务，还能保证在既设指挥通链中断时依托自组织网络连接形成新的回路，确保理解任务的过程连续稳定。在功能完备的大数据指挥作业平台上，上级赋予的任务既可按功能部位自动分解下达，下级的理解

---

① "大成智慧研讨厅"由我国著名科学家钱学森提出，是一种面向开放复杂巨系统的智能研讨方法。

任务情况也能以作业效度等形式实时展现在各级指挥员面前。上级可对下级随时随地进行指导，下级也能对上级关于理解任务的要求把握更准确，上、下级之间还可以同步对理解任务过程中的偏差进行纠偏调差分析，随时根据对任务变化的理解补充分配任务。

（二）交互获取共享态势

态势，即状态和形势，反映敌方企图、部署和行动等动态，以及当前战场的交战状态和可能发展趋势等内容。读享态势指读取、共享、认知态势，主要目的是融合态势、形成认知、预判趋势。

传统的态势感知主要根据空军远方空情，依托各军兵种侦察预警力量接引获取敌情并跟踪监视目标，将目标信息标绘在态势显示设备上并其将方位、姿态、速度等关键描述信息传发各单位，从而形成战场态势感知。传统态势感知播报时延大，误差率高，各指挥平台的标绘体制各异，数据转换复杂，保障多军兵种联合作战的效率低下。基于大数据的联合防空反导作战，通过将各军兵种侦察情报力量的局部战场数据与战略支援力量的全局战场数据、既往情报积累数据与实时动态数据做综合对比印证，并统一融合于同一幅态势图上，可使各作战力量获得全局上的一致认知，同时各作战力量着眼任务需要依托自身情报力量做进一步识别查证，在本级态势图上标绘详细目标参数并联网共享，为各作战力量适时有序遂行行动提供支持。

基于大数据的交互态势读享模式，大数据网络将疏开配置的防空、反导作战力量联为一体，将立体空间分布的侦察情报力量组网成闭合回路，各种战场数据在网络化作战体系内快速流转。各侦察情报力量首先对获取的实时情报数据做预处理，初步分析结果同步分发各作战单元，同时将初步分析结果和原始数据上传联合大数据中心做分布式存储和深度挖掘。大数据平台提供的态势融合分析服务，通过数据抽取转换、聚类挖掘、语义分析，抓取目标特征数据并在情报知识库中检索比对，形成目标识别和趋势判断结论，借助大数据可视化绘制直观动态的视图，在联合防空反导作战指挥中心全局态势图上显示，并与所属作战单元共享综合分析结论和全局态势，形成一致的战场态势认知，如图3-1所示。各作战单元在上级数据、态势保障基础上，结合自身任务运用所属侦察情报力量做进一步查证分析，形成精准敌情、我情和战场环境认知结论，在本级态势图上显示并向上级和友邻推送，从而实现全局集中统一、横向一体联动、局部实时精准的态势认知，为各联合防空反导作战指挥员围绕敌方突防路径、干扰手段、主战平台、空袭弹药和行动时机等进行创造性筹划决策提供保障。

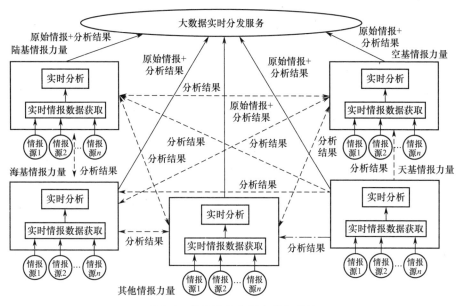

图 3-1　多维战场空间态势大数据

（三）全维预测筹划方案

预敌筹算，即预判敌情动向、提出决心建议、评估优选方案，它是联合防空反导作战筹划决策的主要内容。全维预敌筹算主要是关联推理、目标分析、决心形成和方案优选。

传统的筹划决策活动，主要依赖决策直接相关数据，通过抽样分析、统计归纳等"小数据"手段得出因果结论，配合指挥员的经验谋略，形成决策方案。传统模式的优势是方案精确可推导，指挥员谋略艺术发挥空间大，弊端在于受情报获取能力、作战计算能力等影响大，对情报质量要求高，对指挥员统筹驾驭多域战场的能力要求高，很难适应紧凑联动的复杂局面。基于大数据的联合防空反导作战筹划决策，分散化部署的指挥决策机构在网络上异地联动决策，能够基于统一战场态势图、辅助决策模型和方案评估优选机制，深刻洞察预判敌方行为企图，智能化分解任务调整对策，择敌要害集中优势用兵，对快捷变幻的战场情况联动高效做出反应，从而能使指挥员摆脱繁重的察情、统计、计算等工作，集中主要精力把控全局。

实现全维预敌筹算，主要依托一系列大数据技术、算法、模型和平台。全维动态的战场态势显示技术，可使各级指挥员同步理解战场实况，深刻认知各防空反导作战行动的联系。专业化的大数据辅助决策模型，将情报数据运算结果、敌方空袭作战企图、双方关键目标信息等决策核心内容进行"黑箱"运算,评估敌方进袭航路、主攻方向、打击目标和空袭威胁度,同时调用解算模型对我方力量编成、兵力部署和保障实力进行作战需求解算,为指挥员定下决心提供支持,面向各作战单元自动分配目标、规划行动步骤、控制能量释放。在联网指挥作业环境下,指挥员可围绕上级指示、本级作战运用、实战效果反馈等研讨决心建议的准确性、可行性,运用"兵棋推演系统"等预实践平台检验和评估备选方案,提出修订意见,同步下达预先号令,缩短各作战单元决策周期。基于大数据的前端情报侦察、中端跟进决策、后端监控反馈形成全流程回路,能为全维战场联动提供可靠支撑。

(四)动态实施交战控制

交战控制,与作战指挥控制近义,是指指挥员及其指挥机关对敌我攻防行动的掌控和制约。交战控制不仅强调对己方部队、敌方部队和动态进程的控制,还强调对战场态势和信息化武器装备的控制,符合信息化联合作战的全局控制要求。

传统意义上的指挥控制,主要是对己方部队的指挥与控制,早期主要是上级对下级的单向指挥和控制,现代战争中逐渐演变为上级指挥下级发起作战,下级受控向上级反馈信息以保障上级进行战场控制。传统指挥控制的优点是指挥关系简洁,上下级权责明晰,便于指令贯彻执行,缺点是对指挥员准确把控战况的能力要求高,跟不上短促交战过程和全维指挥对抗的需要。基于大数据的联合防空反导作战,高度信息化的战场数据流、指挥流、行动流深度交链融合,决定了在指挥的全局或局部阶段,指挥主、客体将适时调整转化,对发挥指挥主体的全局驾驭能力和指挥客体的主观能动作用要求高;信火一体、网电攻防作战为破袭高科技强敌作战体系关键节点、链路,控制其行动自由提供了可能,复杂网络体系自身的涌现性、自适应性赋予了战场控制自同步、自组织能力。

实施动态交战控制,需要依托战场网络化指挥控制系统、大数据监控反馈系统、智能评估决策系统等实施。在网络化指挥控制系统中,我方兵力机动、武器战损、弹药消耗程度和数量,以及后续行动兵力、火力需求等动态大数据逐级动态显示,有利于指挥员掌握己方底数,合理调配使用力量。有限目的的联合防空反导作战要服从战争全局这一根本要求,决定了战果"达不到预期"或"超过预期"都不可接受,立体化部署的战场监控反馈系统,实时收集汇总战场实况数据,通过智能化评估决策系统建模解算,能为指挥员把控作战进程和战果提供动态、精准支持。联合防空反导作战,高价值时敏目标和敌作战体系核心节点始终是打击重点，"从传感器到射手"的指挥链路，使"发现即摧毁"的"秒杀战"成为可能。

三、转变空防对抗"攻强守弱"态势的革命性制胜机理

习近平主席指出，现代战争发生了深刻变化，必须透过现象看本质，把现代战争制胜机理搞透。制胜机理是指赢得作战胜利的模式、路径和方式方法等，它是现代战争制胜机理的军事作战部分，也是谋求战场制胜的重要研究内容。以防空反导为主的空防作战，"攻强守弱"是其基本规律，随着信息技术发展，特别是大数据资源及相关技术的军事化应用，其各类作战单元构成复杂网络体系，各种作战要素深度关联涌动，在大数据驱动下不断耦合交链，使制胜机理呈现出显著的高科技特征，为扭转空防作战"攻强守弱"的局面创造了可能。

（一）竞争把握战场不确定性的数据控权机理

从人类作战历史看，制胜的根本在于打破双方均势，造成大对小、多对少、强对弱、快对慢、高对低、奇对正等非对称局面。指挥者竭力运用己方非对称优势，营造力强胜力弱、谋优胜谋劣、联合胜割裂、精准胜粗放等胜势，通过敌我矛盾运动转化释放作战潜力，最终赢得胜利。联合防空反导作战关乎国家空防安全和军事战略稳定，其极端重要性决定了敌我双方为谋求非对称优势，纷纷开展隐我窥敌的"隐真示假"斗争，导致战场充满不确定性。所谓不确定性，是指因缺乏必要信息，对事物不了解而表现出的不清楚、不肯定。信息是数据的精炼，数据是信息的载体。随着信息化武器装备和立体战场传感器网络的普遍运用，海量数据从有形、无形战场涌泻而出，成为掌控我情、洞察敌情、认知战场环境的重要媒介。"占有数据即占有优势"，用好大数据成为谋求作战控制权，消除战场不确定性的重要前提。

数据控权，即作战数据对掌握战场综合控制权起决定作用，本质上反映了军事系统的灰色属性。基于大数据的联合防空反导作战体系，是一个白数与黑数相间的复杂军事系统，受多重因素和规律制约，矛盾运动与相互作用复杂。白数是能够掌握的数据，通过白数可以了解敌我作战体系、力量构成和战法运用，以及战场环境的有利和不利因素等，便于指挥者设计战争。黑数是无法掌握的数据，它隐藏了作战急需的信息，造成指挥者的认知盖然性，使其不得不在茫然无知中准备作战。灰数介于白数、黑数之间，指那些通过努力能够掌握的、价值密度较低的数据，占用灰数能增加白数减少黑数，便于指挥者清晰认知和把握作战。联合防空反导作战短促、剧烈、科技含量高、对抗性强，指挥

过程中的态势认知、筹划决策和协调控制等活动对数据运用能力要求极高。谁能更全面占有分析大数据谁就能更透彻洞察了解对手，谁能更充分驾驭运用大数据谁就能快敌决策先敌而动，谁能更精准共享传递大数据谁就能集聚合力优势制敌，上述能力以掌控数据为基础，共同构成战场综合控制权。

大数据时代到来，作战数据已无可争辩地成为作战主导因素，战场制胜的根本不再是数据多寡，而是数据实力的高低。制数据权制约着制空权、制海权、制陆权、制网电权的获得。伊拉克战争中，以美军为首的联军部队发动总攻前，一方面调集数十颗军用和商用卫星不间断收集伊军情报，另一方面派出舰载隐身战斗机对伊军防空阵地和国家通信枢纽实施空袭，使伊方的指挥体系和防空力量变成"聋子""瘫子"，从而以己方获得制数据权和敌方丧失制数据权而牢牢掌握战场控制权。基于大数据的联合防空反导作战，网络化体系运转靠数据支撑，数据"血液"驱动物质流、能量流、信息流按需有序流动；火力打击需要数据支持，提高武器射击精度比增大杀伤力更高效，武器精确制导需要精准数据导控；体系破击作战需要数据武器，大数据深度关联分析和特征识别，可推断敌网络体系核心链路和节点部署，进而运用软、硬结合的杀伤手段毁瘫、肢解敌作战体系；联合部队协同动作需要数据保障，联动共享战场态势和调控指令，能确保全域一体作战高效实施。国家和军队近年来先后推出一系列大数据战略规划，以重大科技专项为牵引，推动自主核心关键技术突破和军民融合式发展，在大数据作战理论研究、大数据中心建设、大数据使用分析和运维管理人才培养、大数据标准和制度机制完善等方面不断取得突破，正加快引领"数据制胜"时代的到来。

（二）着眼体系攻防全域联动的联力合能机理

在传统作战或多人制体育比赛中，有一种"三角阵形"：归属同一阵营的三支力量互呈"掎角之势"，任何一点遭到攻击其余两点可快速增援，形成全局联动和局部多对少的有利局面。这虽不是真正意义上的联合作战，但却生动诠释了现代联合作战"行动联合，效果互利"的精髓。信息化联合防空反导作战，空袭行动往往从防御方作战体系最脆弱、最要害的部位和环节发起，通过实施拔点或破击体系的"非线式"作战，极有可能造成防御方作战体系"塌陷式"失能。有效的防御，不仅需要增强各单元作战能力，更需要体系攻防全域联动，实现联力合能作战。

联力合能，指联合力量、聚合效能，它是信息化进入高级阶段一体化联合作战最鲜明的特点。联力合能作战以大数据为基础，以网络体系为支撑，以联合力量为依托，是多维空间联动实施的整体作战。一是在物理空间，由联合机构统一指挥，各种作战力量模块化编组以适应灵活多变的任务，各作战单元合理部署以消除"短板效应"，部队编成和力量编组衔接互补，以有效适应非线式、非对称作战的需要；二是在效能空间，基于大数据的网络化指挥控制系统连接各指挥机构、作战单元和武器平台，"抗、反、防"作战密切联动，功能优势互补，效果相互增益，各系统作战效果相互迭代转化形成非线性涌现效应；三是在体系空间，横向到边、纵向贯通的网络化链接的指挥系统将各作战力量"编织"成机动灵活的大数据弹性网络，各作战单元既可随机切换和进出网络，扁平化指挥系统又能多路联通控制，实现体系性互联、互通、互操作。联力合能作战的达成，可有效发挥多能作战实体力量互补、多维战场行动效能共用、全向大数据网络拓扑互联的功能，消除战场割裂造成的效能递减，实现联合战场的效能倍增。

《兵略训》曰："兵之贵合也。合则势张，合则力强，合则气旺，合则心坚"。作战，最重要的是合力，形成合力可使各方面都得到加强。基于大数据的联合防空反导作战，各作战单元精干多能，编配组合效能聚优，行动部署形散神合，网络链接无缝覆盖，具备达成联力合能的软、硬件条件。联合机构基于大数据指挥，能够根据战场大数据流向合理调整部署作战力量，能够根据战场大数据流量机动调控各空间作战行动，能够根据战场大数据流速适时调节整体作战进程，能够根据战场大数据流程精准把握各阶段作战效果，确保力量聚优、行动聚焦、进程聚变、效能聚合的整体性优势。联合作战体系在网络大数据支撑下，各类情报指令实时直达，各种作战力量全网联动，各个战场态势通视共享，自主可控的复杂自适应网络全员覆盖、运行可靠、顽强抗毁，能在紧张激烈的整体对抗中，特别是对手发起的体系破击战中保持指挥安全、稳定、畅通。基于大数据的防空反导作战，防御方实施全域攻防、体系联动的联力合能作战，将削弱乃至压制空袭方点线突进、脱离后援的进攻作战，从根本上扭转空防作战"攻强守弱"的不利态势。

（三）追求有限能量充分释放的精确释能机理

当代著名军事战略家金一南认为："技术革新是新军事变革的根本推动力。"文明的进步和科技的发展，使战争样貌发生了深刻变化，"外科手术""斩首""定点清除"式精确作战代替了"凡尔登绞肉机"等非精确作战。所谓精确作战，是在恰当的时间，运用恰当的力量，以恰当的方式对目标的恰当点位进行打击，以达到有限度能量的精准释放。信息技术的发展，特别是大数据等前沿技术加快进入战场，使许多诉诸传统手段无法解决的作战问题具备了新的解决可能。

精确释能，指火力能、信息能等核心作战功能，以及网络能、智慧能等新质战斗力的精细准确释放。基于大数据的联合防空反导作战，作战目的有限、选择目标敏感、交战过程短促、攻防对抗激烈、作战保障复杂、诱骗干扰全程，对精确释能的要求空前提高。在战场网络信息系统支撑下，以大数据为驱动的深度信息挖掘技术、人-机智能决策机制、涌现性复杂网络结构、自主无人作战平台等新型作战技术和实体群带动作战效能发生革命性跃迁。基于大数据的情报收集利用更加广泛深刻，态势展示更加立体直观，运筹谋划更加科学精准，方案拟定更加快速智能，任务分配更加严谨高效，全局调控更加实时联动，保障调度更加精细灵活，各作战要素在释放自身能量的同时，相互间进一步"耦合、聚变、交链、互补"，催生全域作战功能聚合、效益倍增的效应。一是作战体系中的各类作战单元功用得到充分发挥；二是保证了各类武器平台对目标的精准打击；三是网络化作战体系深度整合各种分散力量形成合力。基于大数据的联合防空反导作战，是精确释能需求、条件与目标高度统一的作战。

作为世界新军事变革的显著标志之一，精确作战一改传统上专注于优势兵力火力的最大化运用，转而强调对有限能量的精确释放，已成为基于大数据的联合防空反导作战追求的重要目标。一是依据完备情报数据，精确择定释能点位。始终着眼敌我对抗全局，瞄准敌作战体系核心节点和支撑纽带实施毁瘫作战，注重区分战场变化之轻重缓急，针对各部位、各阶段在全局中的地位作用，快速、有序、高效发扬己方战力；二是借助大数据推理预判，精确把握释能时机。始终着眼作战时间的高价值，在一体化陆、海、空、天、电磁、网络战场空间和界限日益模糊的战略、战役、战术行动中，善抓战机、伺机待敌或造势诱敌，千方百计塑造对己有利的态势；三是发挥体系作战聚合涌现效应，精确汇聚释能规模。始终着眼网络化作战体系的复杂特性，将点状能量编织成弹性可伸缩、重组可再生、灵活可重构的能量网，围绕任务实施快速突击，围绕效果形成精兵铁拳，围绕动态强化临机配合，达成因情制宜的精确释能。四是善用大数据监测评估手段，精确选定释能强度。始终着眼慑敌控局和简洁高效要求，在决定性时间、决定性空间实施"合理够用"的打击，实现既达成预定目标又降低附带影响的效果。

（四）谋取技术谋略有利制衡的扬优抑劣机理

古今中外的军事谋略，揭示了适用于指挥作战的一般性规律，是主观精神世界的人类智慧、客观知识世界的谋略战法能动的作用于客观物质世界军事斗争的最高表现形式。军事谋略具有不依赖于军事技术发展而长期稳定存在的特性，在科技高度发达的现代战争中，能否继续发扬传统兵学智慧优势，使之与现代军事技术相得益彰、有利制衡，充分发扬各自优点并抑制不足，是联合防空反导作战制胜不容忽视的发力点。

扬优抑劣，既指在作战中充分发扬谋略和技术的优势并抑制不足，又指对抗中的优势一方压制劣势一方，最终实现优胜劣汰。基于大数据的联合防空反导作战，大数据、人工智能等技术改变战斗力生成模式和战场矛盾运动规律，为谋略与技术有利制衡开辟了巨大空间。在全局指导上，战略服从政略的最高标准决定了一切高科技手段都要服务于全局作战目标，同时又规定人的主观思维要主导并最优化发挥高科技的效能；在战前探察敌情上，基于大数据的全战场空间情报侦察弥补了人类跨越时空观察对手的局限，而谋略运用又能针对情报技术的优势不足决定"让对手发现什么"和"不让对手发现什么"，实现慑敌惑敌；在临战筹划决策上，智能决策模型、专家知识库等决策支持系统是传统谋略的高科技再现，其科学、快速、高效的"出谋划策"既担当了指挥者的强大"外脑"，又生动诠释了"多算胜，少算不胜"的制胜规律；在战场协调控制上，实时精准的战场监视调控系统，使指挥者既能远离战场险境又能充分运用兵法韬略，将"运筹帷幄，决胜于千里之外"上升到新境界。谋取谋略与技术有利制衡，是战场克敌制胜的必然选择。

基于大数据的联合防空反导作战，攻防较量在高技术武器装备和高层次指挥谋略等多维度展开。如果将信息化主战装备比作战场"经线"，则我军底蕴深厚的军事谋略就是战场"纬线"，实现技术和谋略紧密编织、有利制衡，才能扬优弃劣，真正支撑起绵密的防空反导网。一是敏于透视高科技表象，正确把握信息化作战的"变"与基本指挥谋略的"不变"，以谋略艺术恰当运用助推作战效能充分释放；二是精于把握战场本质，发扬大数据技术的"非线式"指挥优势，消除人的战场认知不确定性和经验决策的盖然性；三是善于驾驭攻防作战全局，高度重视大数据支撑下的复杂网络作战体系的协调运转，擅用高超谋略规避局部失能拖累全局或发挥过当干扰全局等弊端；四是长于奇正用兵，充分发挥大数据聚合效应，以优势力量抗衡优势之敌为"正道"，以我方优势谋略抵消敌方优势技术为"奇门"，实现正合奇胜；五是强于进行体系破击，综合运用谋略判断和大数据技术测算，"攻敌所怕，毁敌要害"，以关键性毁瘫作战致敌方作战体系失能失效。基于大数据的联合防空反导作战指挥，不仅能汇聚力量联合、体系融合、战果聚合的优势，更能生发谋略与技术化合裂变的潜在效益，为我正义性防御作战叩开胜利之门。

基于大数据的联合防空反导作战制胜机理研究，是适应高科技时代一体化联合作战需要，从不同角度对这一崭新作战样式的横断观察、纵深探究和系统思考。对数据控权的认识有助于消除战场不确定性，对精确释能的认识有助于树立精确作战思维，对联力合能的认识有助于强化联合观念，对谋技制衡的认识有助于焕发传统谋略的崭新生命力，大数据技术带来的颠覆性军事创新，为制胜机理研究提供了崭新的切入工具和解析思路。与此同时，还可以从传统国土防空与防空反导的对比，从战略防御与攻防兼备的对比，从由制信息到制数据造成的指挥观转变等角度，进一步探讨基于大数据的联合防空反导作战制胜机理的新内涵和新表达，为联合作战指挥理论研究不断开辟新视野，注入新活力。

四、释放大数据"倍增效应"潜能的涌现性指挥优势

涌现性，指多个要素组成系统并发生相互作用后所表现出来的单个个体所不具有的性质。涌现性指挥优势，是多种指挥要素构成指挥体系后形成的先前所不具有的有利指挥形势。大数据具有天然网络属性，其涌现倍增效应作用于作战指挥过程，能生发和释放出强大指挥优势。实施基于大数据的联合防空反导作战指挥，就是要挖掘并释放这一潜在优势。

（一）预敌在前达成制敌威慑

中西方军事理论均强调"谋定而后动""未战先胜"。相较于冷兵器时代敌对双方的长期战前准备和充分排兵布阵，以及机械化时代举大兵压境的"硬碰硬"较量，大数据时代的联合防空反导作战指挥反应时间极短，防御方极有可能在敌首轮空袭中完全丧失抵抗能力，指挥系统还未从初战的震撼破坏中恢复过来，作战已告结束。基于大数据的联合防空反导作战，天基卫星侦察预警系统侦测敌方空袭兵力部署和调动集结动向数据，空基有（无）人预警监视平台监控敌方作战力量前沿机动或抵近侦察活动情况，海基、陆基警戒雷达、观察哨网和传感器网络收集声学、光学、电磁频谱等特征信号，网络侦察力量提取热点搜索、媒体舆论、民众情绪等背景数据，为指挥作战提供全维情报支持。基于大数据的态势感知和筹划决策，根本优势在于通过数据推理机、敌情知识库等数据处理机制，关联融合敌情动向信息、武器平台特征信息、指挥通信热点、民众关注焦点等动态信息，可在无直接情报证的情况下侦获敌方作战发起时机、空袭力量组成、打击目标选定、指挥活动规律和攻防战法运用等深度认知。掌握认知主动的一方，可采取针对性战备部署、投入强有力反制手段、揭露敌方阴谋企图等举措，形成对敌方有力威慑，营造舆论压力，谋求战略主动，降低敌方空袭预期及其行动突然性。

（二）数据洞察抢占先敌之机

信息技术发展和网络的普及，使大数据日益成为具有广泛开发利用价值的

战略性资产。美国奥巴马政府颁布的《大数据研发倡议》指出，大数据是信息时代的"新原油"，开发利用大数据将成为大国竞争力的新制高点。充斥联合防空反导战场空间的大数据，使制敌先机隐藏在"数据迷雾"中，把握战场不确定性的关键是透视迷雾。数据洞察是指透视数据表象直达本质。基于大数据的联合防空反导作战，能够吸收快速发展的社会领域大数据技术成果向军事大数据应用转化，能够借助大数据的"无国界性"跨越时空局限"近距离"观察窥探敌情，能够发掘富集的民事、军事大数据资源为作战行动提供支持。实施基于大数据的指挥，优势在于能快速、高效的从大量粗糙、表面上毫不相关的零散数据中筛查发现作战急需的敏感信息，将局部的有用信息在全局上联系起来，可形成对作战对手轮廓全貌的不安全表征并逐步完善之，以逐渐驱散笼罩在联合防空反导战场上的"数据迷雾"，获得指挥作战所渴望的"单向透视战场"能力。占据大数据优势的一方，能通过实时或近实时观察掌握对手一举一动，在敌方露出破绽或高价值目标进入我方打击范围时，集中优势力量对敌实施快速决定性作战，积极塑造对我方有利的作战态势。

（三）信息通视扩大攻防主动

信息是解锁信息化战争的核心"密码"。信息通视是指打通数据识别障碍形成普遍共识。初级信息化作战，对信息的完备性、精确性、制式化要求极高，统一指挥行动需要首先归化指挥信息或转换成制式数据，信息流程长、转发层级多、反应速度慢、指挥链脆弱。基于大数据的联合防空反导作战是高级信息化作战，多军兵种力量的指挥信息体制各不相同，广阔空间的并发行动需要在统一态势指导下进行，关键性作战要确保上级能跨越指挥层级实施直达式指挥，实时掌控和调节攻防节奏需要不断间战场情况反馈，作战主动权的获得要以关键性作战行动的主动为基础，离不开作战数据基础上的信息主动。迅猛发展的大数据技术在广泛兼容的云平台支持下，具有无偏见、无差别的数据兼容性，能提供便捷制式的信息检索查询服务；数据可视化支持多维态势一体融合同步显示，便于各级指挥员形成一致战场认知；基于大数据的复杂网络，其内在的自组织、自适应、自协同特性，能够保证在严酷的战场环境下指挥链畅通；自动跟踪和评估火力毁伤及后续战力的大数据模型，能精准评判和调控交战进程，确保攻防效能总体最佳。基于大数据的联合防空反导作战消除了认知域、指控域、行动域衔接的"鸿沟"，实现战场无障碍通视，为掌控和扩大攻防主动权创造了可能。

（四）网络聚合确保整体联动

联合作战强调联合行动，联合防空反导作战是高强度的一体化联合作战，陆、海、空、天、网络和电磁等多维战场行动同步展开、密切关联。优势之敌拥有强大的空袭、电子战、网络战能力，使联合防空反导作战"木桶效应"凸显，各战场作战效果关联呼应更加紧密，任何一维战场失陷都有可能造成整体被动甚至全盘皆输。网络聚合，是指借助网络将各种分散的数据、资源和能力紧密聚集在一起。基于大数据的联合防空反导作战，就是要将行动上分离、指挥上一体的作战紧密统合起来，始终紧扣紧张激烈的作战节奏组织抗击-反击-防护作战，甚至在必要时聚合多个战场的优势以弥补某一战场的劣势，保证实现防御目标、保全自我的目标。基于大数据的作战指挥优势在于，战场互联网络和战术数据链等移动接入手段，将各战场行动横向联成自协同闭合回路，纵向上各任务系统的"侦-控-打-评"力量建立自相关的强链接，在局部链路遭敌摧毁后自组织网络可快速嗅探建立新的链接，从而保证指挥连续稳定。大数据优势的发挥，使整体与局部、横向与纵向的指挥链路深度耦合、交链，催生总体大于局部之和的涌现效应。

（五）精准调控实现减冗增效

信息科学的发展，使精确作战不以人的意志为转移的加速到来。精确作战既包括对精确制导武器的使用，也包括对作战目标、作战进程、作战效果的精确把控，从而导致对精准作战的调控成为交战过程中最为繁重的任务。"过犹不及"，基于大数据的联合防空反导作战，智能辅助决策系统和全天候监控网络提供的战场跟踪监视、智能评估、跟进决策和动态调控能力，能够确保作战目标的选取服务国家战略，服从战争全局，符合模块化功能部队的最优化运用。作战进程的调节适应我军战役作战节奏、抑制对手有效能力发挥，防御作战效果的把控便于达成震慑敌人、保全自己的目的。同时又能将作战规模控制在己方可承受的范围，在作战顶点到来之前结束或脱离交战，从而避免一味追求扩大战果而影响有利态势的形成等战况失控脱节情况发生。基于大数据的联合防空反导作战，很大程度上又是"三非"作战，大数据潜能的有效发挥有助于克服人力局限，增强指挥员设计指导作战的精准性，消除认知战场的盖然性，减少不必要的成本投入和附带影响，提高信息化作战的综合效费比。

（六）分散部署提高安全系数

大数据时代的联合作战，成本代价高昂，以打击敌有生力量为主的火力歼灭战渐成历史，"精选要害、打点断网、破击体系"已成为空袭作战的首选，其贯穿全程并成为双方追求的目标，导致指挥机构和作战系统所处环境恶劣，战场生存面临极大威胁。基于大数据的联合防空反导作战，覆盖全维战场空间的网络"高速公路"，连接稳定、交互顺畅的一体化指挥控制系统，防护严密、机动快速的作战平台，能够较好适应战场空间分布广、指挥联络密集、系统保障需求大、安全防护等级高的要求。在大数据支持下：一方面，复杂网络体系的自组织、自适应能力和充裕带宽资源将分散的作战力量联为一体，不仅可保障精干作战力量随遇入网"即插即战"，又可确保网络局部遭到破坏后能迅速建立新的链接回路，避免"断其一枝瘫痪一片"；另一方面，专业化的伪装防护力量综合战场态势和来袭目标作战特点，适时组织机动、规避、诱偏等"隐真示假"防护作战，提高了作战力量自身安全系数。与此同时，网络日志大数据分析、异常检测和敏感事件预警手段机制，能够提供必要的网络安全预警能力，防止敌网络渗透、窃密和破坏活动。大数据优势的充分释放，为联合防空反导作战攻、防两端信息能力的保持和发挥创造了广阔空间。

　　综上所述，不同于传统作战系统各类要素具有传导特性的线性累加关系，复杂网络系统因更强调要素间的非线性聚合而具有潜在涌现性。基于大数据的作战指挥具有对各作战功能端的放大效应，在复杂网络系统联动作用下进一步催生"倍增效应"，在联合防空反导作战过程中释放出综合性指挥优势，如图 3-2 所示。这种优势，不是大数据潜能在某一个作战局部的发挥，而是在作战"全系统、全要素、全流程"的整体性发挥，必将带动联合防空反导作战指挥效能发生质的飞跃。

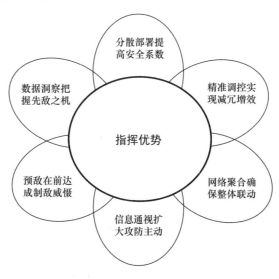

图 3-2　基于大数据指挥的优势

第四章　基于大数据的联合防空反导作战全维态势认知

《军语》对态势的定义为"敌对双方在力量对比、作战部署和作战行动等方面形成的状态和形势"，态势内容可简单划分为我方态势、敌方态势和环境态势。态势认知，是以各类情报手段和态势研判技术为支撑，对战役布势、交战动态和后续趋势的了解、分析和判断，它是作战指挥情报活动的主要内容，反映指挥者对当前及未来作战状态和形势的理解与认识。全维态势认知，强调对包括陆、海、空、天、网电等多维空间战场态势的一体化展现和认知。基于大数据的全维态势认知，贯穿敌我空袭与反空袭作战全过程，横跨物理域、信息域、认知域、社会域，对数据的丰富性、及时性、兼容性要求极高，强调大数据等前沿科技运用是其根本属性。

一、态势认知

态势的定义涵盖"态"和"势"两方面："态"侧重于过程和状态，描述的是态势发展的过程和某个阶段所处的状态；"势"侧重于量化和对比，描述的是双方兵力部署、武器装备和环境信息的体量与比较。态势的形成，既与兵力兵器的数量和性能有关，也与作战意图和指挥者的运用有关，更与对态势所涵盖内容的观察、分析、判断、领悟能力有关。态势的形成和对态势的把握是个不断演化的过程，不同时代、对手、作战样式条件下理解把握作战态势的手段、要求和层次不同。

（一）态势认知的本质

态势的形成是各种客观条件和主观因素共同作用的结果，它起始于作战初期甚至更早，贯穿于交战各方矛盾运动和攻防转化全过程，结束于战场条件受控和作战目的的达成。理解和把握态势，就是在尽可能详细侦察了解这些主、客观条件基础上，根据作战指挥过程中矛盾运动的一般规律和指挥员的风格特点等，综合运用计算、比较、分析、展现、研讨、判断等方法手段，获得对敌我双方和战场环境的清晰把握。唯有"知己、知彼、知环境"，才能有的放矢运筹谋划指挥作战。争取比对手更好、更快、更透彻地把控态势，是组织战场侦察情报活动的目标，也是指挥者进行筹划决策的依据，更是实施作战行动指挥的前提。

（二）态势认知的需求

洞悉战场态势的极端重要性，决定其在任何时候都是指挥者关注的首要问题，尤其是在高科技信息化战场上，"被发现"即意味着"被消灭"。围绕情报争夺和态势研判的激烈较量是看不见硝烟的战争，敌对各方无不千方百计隐藏己方真实实力与行动意图，或示以真假互见的情况来迷惑对手，并力求最大限度掌握敌方的兵力规模、作战运用和行动计划。敌我双方的"隐真示假"斗争不分战时、平时，使真假情况扑朔迷离，真相隐藏在战场"迷雾"里。即使拥有绝对兵力和技术优势的一方，也很难做到对对手的情况意图了如指掌，加之高科技战场突出的涌现性等非线性特征，导致态势可知是相对的，态势不可知是绝对的。不可知性的存在带来理解把握态势的盖然性。通过不断改进和运用高科技手段，消除理解把握态势的盖然性，便成为对抗双方在指挥作战过程中竞相追逐的目标。

（三）态势认知的过程

态势的形成发展是个动态进程，这一进程包括初始态势、中间态势和目标态势等基本态势点位。[①] 进行态势认知，就是以态势演化过程为脉络，以上述基本态势点位为枢纽，借助完备的战史资料、平战结合的跟踪监视和紧前组织的侦察预警，感知敌情、我情和战场情况等构成的初始态势，进而通过系统的数据挖掘、建模计算、多维融合和图示标绘等态势生成技术，认识敌我力量强弱对比和局面发展走向等中间态势，最终借助分级共享、集成研讨、战例查询和模拟推演等态势推理机制，预判敌方战役企图和后续可能采取的行动等目标态势，从而为作战筹划决策和战役布势做好准备，态势认知形成过程如图 4-1所示。态势认知的优劣，主要取决于数据获取规模大小和数据处理分析能力强弱等，占据优势的一方，将获得单向透视战场"迷雾"的"特权"。

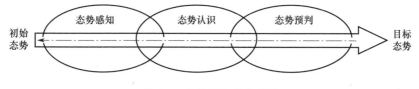

初始态势　　态势感知　　态势认识　　态势预判　　目标态势

图 4-1　态势认知形成过程

① 国防大学训练部：《联合作战指挥决策》，国防大学课题教材，2014：31-33。

二、联合防空反导作战全维态势认知

（一）全维态势认知

1. 态势认知的发展

相关研究显示，在态势形成发展过程中，先后有态势察知、态势感知、态势认识等概念表述，均是基于当时条件下的作战需求和技术实际对战场态势的把握。从继承和发展的角度看，态势认知，体现了对态势察知仅以有限的可获得、可利用情报来把握态势的超越，也反映了对态势感知以数据获取能力增强来扩大情报种类和数量以把握态势的超越，还是对态势认识以数据处理能力提升来加深对情报性质、内容、价值发现的把握态势的超越。态势认知，既要求尽可能多的获取情报数据资源，又要求尽可能深刻的透析情报数据中蕴含的高价值信息，还要求简明、高效、同步的情报成果展现和交互共享。

2. 全维态势认知的形成

全维态势认知是在态势认知基础上的进一步全面化，强调充分运用大数据情报手段掌握全维战场的所有态势信息资源，强调通过大数据分析手段深彻挖掘与整合全数情报价值，还强调通过大数据展示和交互技术以尽可能简明直观的形式交付各级情报用户理解使用。大数据的实战化运用，为全维态势认知提供了原始数据资源、数据处理能力和数据共享条件，使全维态势认知成为可能并加快转变为现实。在强调态势认知过程中数据技术重要性的同时，还应从情报观念转变、情报形成机制转换、情报机构职能转型等多角度发力，共同构建健全、友好、顺畅的全维态势认知条件，确保全维态势认知真正落地转变为战斗力提升的关键推动力。

3. 联合防空反导作战与全维态势认知

相较于其他联合作战样式，联合防空反导作战具有战场覆盖最广阔、目标认知最困难、协调联动最复杂、数据保障快又精等特点，整个作战过程是一个横向宽扁、纵向紧密、立体交织的复杂网络形态。各项作战行动的即时并发，各类情报数据的杂糅泛化，各个战场的因循联动，如同一幅队形高度复杂的"多米诺骨牌"。作为先于其他一切实战行动发起并贯穿交战全过程的情报活动的核心，全维态势认知对联合防空反导作战成败具有源头性、贯通性、决定性意义，尤其是面对高科技强敌可能发起的空袭打击时，能否实现可靠可用的全维态势认知将决定整场战役胜负走向乃至整个战略方向安危。充分借力大数据实战化运用提速的契机，掌控联合防空反导作战全维态势认知能力，是指挥联合防空反导作战制胜的关键问题。

（二）联合防空反导作战全维态势认知特点

1. 数据主导认知，制数据权是获得态势认知优势的核心

态势以数据为支撑，态势认知是解读数据，全维态势认知是对陆、海、空、天、网电、认知、心理等全维度数据的认识和把握，数据主导着态势认知的一切。一是侦察获取敌情和战场环境情况，只了解掌握有限的制式数据是远远不够的，遍布广阔战场空间的侦察预警平台和传感器网络，将收集作战有关的一切数据，而非选择性采集那些高价值数据，或者便于使用的制式数据。人为选择数据将不可避免带有主观偏见，严重影响数据全面性。二是态势数据不仅体量大，而且制式各异，生成快速，价值密度低，真假掺杂，难以有效驾驭数据，就会"淹没在战场数据的汪洋大海里"，和获取不到数据一样，造成态势认知失能失效，带来整个作战源头性失败。三是敌我攻防对抗全程进行，基于大数据的联合防空反导作战，有形战场的火力杀伤和无形战场的信息毁瘫同样致命，多元决策主体和受控客体能否充分发挥自身优势获得战场主动，严重依赖态势认知的数据质量和处理效能。只有牢牢掌握制数据权，才能获得态势认知优势，并进一步发展成为筹划决策优势和指挥控制优势。

2. 多维战场联动，深度关联融合是有效认知态势的关键

联合防空反导作战是我军联合作战体制确立的七种基本作战样式之一，担负着守卫国家空防安全，维护军事战略稳定的重要职责。面对不同战略方向的主要作战对手和潜在作战对手，各战场的形势任务不尽相同，它们共同构成联合防空反导作战有机整体。从当前形势看，主要对手对我作战最有可能凭借其强大技术和力量优势，在海上方向和网电空间同时发起，进而向空中和陆上方向发展；而潜在作战对手出于蚕食边境争议领土目的，最有可能从陆上、空中和网电空间首先发起行动；因我方战略性目标大多处在深远防御纵深，敌对我要地空袭作战最有可能从空中或临近空间发起；而我方离岛大部分孤悬远海，对手对我夺岛作战必以夺控制海权为开端同时从海上和空中方向发起。由此可见，我方联合防空反导作战将是着眼不同方向多维战场的一体联动作战。确保各战场紧密联动：一要各战场情报深度关联融合，以确保从不同方位和角度观察对手，综合印证信息获得对对手的准确情报认知；二要各部队行动态势深度关联融合，确保力量部署既能合理配置观照全局，又能重点用兵达成局部优势，以有效应对优势之敌空袭；三要各战场作战效果深度关联融合，以争取各

作战行动效果合理够用达成总体效益最佳。实现多维战场深度关联，是形成清晰有效态势认知的前提基础。

3. 过程短促复杂，充分发挥大数据前沿技术优势势在必行

现代化空袭以隐身、快速、精确制导弹药为主要攻击手段，作战速度快、预警时间短、防御难度大，其快打快收的特点决定了战场态势认知应统筹全局、反应迅速。依靠传统情报手段，根本无法高效提取开阔战场空间的动态态势数据，根本无法有效整合分析来源不同制式各异的态势线索，根本无法形象直观展现多维空间的态势图景，根本无法实时精准的为一体化指挥平台和信息化武器系统分配指令，因此有效借力和发挥前沿信息技术的作战潜力势在必行。一是充分发挥大数据优势吸纳情报数据，利用分布式存储系统和云计算平台高效存储、解算态势数据，保证生成态势的数据数量充足、类型丰富；二是充分发挥大数据优势加工态势情报，快速精炼关键态势信息，描绘和提供"五图一表"，供指挥人员和武器观瞄系统读取识别；三是充分发挥大数据优势交互态势情报，通过分布式战场网络使分散部署的指挥机构同步共享态势信息，消除态势不全或认知不同步造成的决策计划偏差；四是充分发挥大数据优势修正态势情报，不间断监控作战进程、武器装备可用性和社情舆情反应，结合实战效果修订战役构想和决策内容，确保作战进程始终符合预期。大数据技术具有不因人的个体差异因素的稳定性和不因人的自然生理因素的高效性，能较好满足短促复杂的态势认知活动要求。

4. 网络跨域贯通，确保态势认知安全可控影响作战全局

联合防空反导战场由卫星通信网、光纤地面网、战场互联网、战术数据链和空中无人中继平台等构成跨域互联互通的作战网络，各作战平台可随遇接入和退出网络，对态势认知系统安全提出更高要求。一是交由态势认知系统处理的数据必须真实客观，以保证态势认知结论的真实客观，防止局部数据偏差或逻辑陷阱被层层引用、迭代放大，导致"蝴蝶效应"的巨大破坏力；二是广泛分布的网络系统和通信枢纽，不可避免的辐射特征明显的电磁信号，易遭敌网络渗透、体系毁瘫和电磁压制作战攻击，一旦被注入恶意信息代码将造成态势认知数据污染、网络体系失能失效和软硬件设施过载毁损等，对作战体系正常运转造成灾难性破坏；三是采取情报数据推送共享、情报服务订阅查询等态势认知成果发布模式，必须完善用户身份认证、无关态势信息自动过滤、非法数据库操作监测预警等机制，以确保系统服务正常满足网内用户合法访问，减轻态势认知系统工作负荷与所受干扰，防止核心数据遭恶意篡改。只有确保态势认知过程安全可控，才能实现作战网络体系稳定可靠运行。

（三）联合防空反导作战全维态势认知价值

全维态势认知强调认知的全面性，覆盖联合防空反导各战场，涵盖敌、我、环境的一切信息，面向指挥者、指挥控制系统、火力打击系统等全体态势用户。认知战场态势，既是作战指挥者进行决策并进一步采取行动的思想准备，也是作战指挥控制系统按规定模式和标准运转联动的"思想"准备，还是火力打击平台和作战保障系统进行目标瞄准和战备支前的"思想"准备。

1. 借力认知技术，跨越大规模情报处理鸿沟

联合防空反导作战，是集高战略性、高科技性、高时效性于一体的作战。情报态势活动面临的主要问题，是处理规模越来越大、速度越来越快、类型越来越复杂的战场情报。能否在必须做出行动反应之前，获得支持决策活动的足够态势数据，决定后续行动及时有效与否；能否在不得不面对的庞杂情报面前，实现并行关联和深度洞察，决定情报处理活动有效与否；能否在格式繁多内容抽象的态势结论面前，实现制式统一和简明呈现，决定情报产品可用与否；能否在广泛分散的不同指挥实体面前，及时送达态势并形成共同认知，决定态势交互效果管用与否；能否在攻防绵、密释能剧烈的作战行动面前，将情报结论浓缩转化成人员可读、机器可识别、智能装备可执行的图表指令，决定情报态势活动成败与否。军事大数据及其相关技术体系，以其最突出的数据全流程加工处理能力，不仅能实现知识发现，更能实现认知同步，可成功跨越情报态势活动的上述鸿沟，较好满足联合防空反导作战的高要求。

2. 单向透视"战场迷雾"，提供可靠决策支持情报

联合防空反导作战往往是由隐身作战平台在防区外或雷达视距外投射制导弹药发起的，作战全程伴随压制能力巨大的电磁、网络武器攻击，导致防御方依靠传统手段战前侦察敌情、战中锁定目标十分困难，难以获得决策急需的态势情报支持。基于大数据的联合防空反导全维态势认知，可从规模巨大且低价值密度的情报事件中，通过阈值极低的敏感信号触发机制，从一系列貌似无关甚至完全不相干的异常动态中抓住敌方活动蛛丝马迹，形成对战场活动目标的非完整性描述。同时，将多个维度的态势信息降维、同步、比对，融合转化为同一基准的态势描述语言，并实时调取决策支持库中的敌情知识、数学模型等进行校准，不断修正、补充和完善对目标的不完全描述。另外，辅以精准的人力情报生成全景式作战态势展示，从而达成透视战场、认知敌情，解答"敌、我、友在哪里？""敌方在干什么？""行动的企图是什么？""我方如何应对？"等决策级问题，为智能筹划决策活动提供关键参考和运筹数据。

3. 快速汇集多源情报，科学预见战场未来走向

联合防空反导战场分布在多维空间，态势认知所需情报数据来自立体空间的情报网络及社会领域的信息源，态势认知服务的对象是各军兵种联合作战力量。基于大数据的作战指挥态势认知过程，不带"偏见"的全样本数据收集、归化能力可有效消除多源数据兼容性问题；大数据深度挖掘和机器学习技术，既能解决强因果关联情报数据的纵向知识探查和采集，又能解决松散相关或无因果关系的情报数据对照联系，较好克服了人工分析能力的不足，缩短态势认知响应周期；经过大数据挖掘的情报数据，体量和规格简化，借助数据融合和可视化技术，能将抽象、专业的情报直观、动态地以指挥人员可阅读和机器系统可识别的形式呈现，确保按权限同网作业的情报人员能够结合头脑认知、图表数据和机器模型，洞察未知的敌方行为及其深层次含义，提高人-机协作研判态势的预见性。

4. 全域联网数据贯通，精确引导指挥打击行动

追求"从传感器到射手"的全流程无障碍贯通是信息化联合作战的重要目标。行动指挥、火力打击等筹划决策的下游活动，建立在全维态势认知基础上，而情报数据是态势认知不可或缺的关键支撑。前述已及，联合防空反导作战是高度精确化的作战，所谓精确作战，一是精确识别对手，针对不同对手的作战理念有极大不同；二是精确识别目标，不同来袭目标的毁伤机理不同，所选择的抗击次序和手段也有极大不同；三是精确评估打击效果，作战的极端敏感性和高效性，使以"合理够用"打击实现最佳作战效果成为决策者不懈追求的目标，这些要求对释能程度和打击效果进行精确控制。基于大数据的联合防空反导态势认知，依托数量和规模庞大的传感器数据和大数据处理技术，能够归集、提取和发现针对对手的身份数据和针对来袭目标的属性数据，通过融合、转化、分类、封装，成为指挥控制系统可识别的指令和武器装备可执行的参数，从而极大降低人为干预和中转时延，为"发现即摧毁"的精确打击提供保障。

5. 多元要素无缝整合，达成体系效能集中释放

数据是"带毛"的信息，信息是"精炼"的数据。情报数据在极大程度上是为人类所不可知的和一定程度上为机器所不可知的情报原材料，而态势信息则是人脑能够读懂并能为机器所识别的数据产品。不同链接体制的广域网、局域网将多元作战要素接入同一个拓扑网络，流通其中的信息流将分散在不同战场的实体逻辑上联为一个整体，使联合防空反导作战体系成为形神合一的有机整体。大数据技术的异构数据兼容处理能力消除了不同体制传感器数据间的

壁垒，进一步把指挥员的谋略意志和全维态势认知系统的机器智能加工转换成信息化平台和机械化装备的"机器思维"。在某种程度上使机器系统有了"思维判断"而能因情制宜的选取作战手段和方式，实现各类非直接杀伤类要素能量的转化、弹药类热量的爆发和动能类能量的触发，取得三股能量集中终极释放的效果。基于大数据的全维态势认知，实质上是一个将不相干的数据转换为可用信息，将不相干的系统联结成联动整体的过程，是后续一切指挥活动不可逾越的前提和基础。

三、支撑联合防空反导作战全维态势认知的大数据环境

联合防空反导作战全维态势认知，是联合防空反导作战大数据情报中心，通过战场网络，把广域分布的情报收集设备获取的情报数据。依托大数据情报处理和服务相关的硬件设施、软件平台、应用技术和运行机制等，按需抽取转换成各类战场情报态势产品，提供给各级指挥决策者、各类指挥控制系统和各军兵种武器平台使用，其实质是把分散的作战资源按需高度集成并有序输出能量的过程。

（一）联通战场诸要素的大数据网络体系

1. 联动转化的"三个世界"

联合防空反导作战指挥，是指挥者为完成联合防空反导作战任务，设定一定目标，通过情报数据收集与评估组织筹划决策，进而对资源、任务和指挥职权进行分配，并根据作战实际适时调整的活动。指挥主体对指挥客体施加指挥与控制，必须通过数据-信息这个媒介来实现，其交互模型如图4-2所示。生产加工数据-信息的过程主要包括态势认知和筹划决策活动，指挥过程中的态势认知主要是了解掌握战场情况，分析和描述敌方意图，对态势演化进行预测和估计，并为筹划决策提供参考依据。这一活动过程连接客观物质世界、客观知识世界和主观精神世界，贯穿物理域、信息域、认知域和社会域，是有目的的组织行为，具有强烈的体系对抗和博弈色彩，其运动转化模型如图4-3所示。

2. 高度分散灵活的边缘性组织

按照卡尔·波普尔的信息时代"三个世界"理论，数据产生自客观物质世界和主观精神世界，而独立于二者成为客观知识世界的存在物。归属客观知识世界的大数据，最突出的优势，是其同时连接客观物质世界和主观精神世

界，基于大数据的情报态势认知，能够高效获取并不断深化数据利用，更加紧密地联结客观物质世界的各类作战要素和主观精神世界的指挥者以适应瞬息万变的战场。信息化战场上，人与人、人与机器、机器与机器之间构成形式各异的组织，可将其简单概括为集中式组织和边缘性组织。

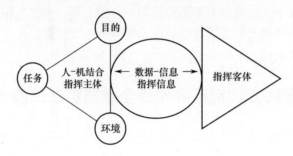

图 4-2　指挥主体、客体和信息交互模型

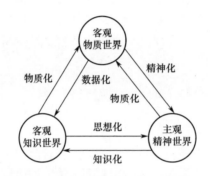

图 4-3　"三个世界"运动转化模型

（1）集中式组织。其特点是有一个统一的中心，中心处于权力和等级的顶层，边缘处于底层，信息和数据沿权力轴线纵向流动，边缘的数据信息逐级上报到中心，中心的指令逐级下达到边缘，而各级之间的横向联系很少。这种组织形式条块分割、机械僵化，各类作战单元自成"信息孤岛"，不同战场之间的数据信息连接"烟囱"林立，作战中若断其一枝，将瘫其一片。

（2）边缘性组织。其特点是不存在一个统一的中心，各类实体之间纵向、横向广泛联系，构成扁平网络，权力由中央集中向边缘分散，各级组织可根据使命任务灵活编组，构成复杂自组织系统。对比两种组织形态可见，集中式组织依靠上级指令驱动，边缘性组织通过设立权责边界由边缘实体依据任务自主行动，边缘性组织具有更强灵活性、适应性和稳健性，能更好适应高科技战场复杂、灵敏、多变的特性。

系统科学理论认为，任何系统都要在与其他系统联系的基础上发挥自身作用，其效能决定于组织实体间的联接方式和水平。基于大数据的联合防空反导作战空间极大拓展，时间相互交织，各军兵种行动和关系联动复杂，只有在统一指导或引导而非控制下，赋予组织中的各级各类作战实体使命任务由其分散实施，才能适应信息化空袭作战多域、绵密、高强度的要求。基于大数据的联合防空反导作战体系本体，是网络环境下的边缘性组织，指挥的组织形式是放权周边的，即在顶层只需依据客观知识世界的规则来明确各级实体的权责关系而不需要人为制定，在底层各级作战实体按需共享大数据并按规则行动。

3. 数据驱动的使能网络

联合防空反导作战是多维战场空间的多元作战实体以边缘性组织形态应对来袭之敌的作战。各作战要素通过数据网络相连接，根据组织被赋予的使命任务，在时间、空间相关联的行动中，以并行、协同的方式实现互联、互通、互操作的联合作战。美军"网络中心战"理论认为，在 21 世纪用革命性信息优势、分散部署并用网络连接的任务部队，通过"部队网"联结成联网的、分布的、可伸缩的、高联通性的联合作战力量，可使单兵利用指挥控制自动化（C^4I）系统按需接收态势和情报信息、监视空域并观察敌军和友军。

网络使能系统（NECS），实质上是各参战实体依据属性、目标及其使命任务联结成网相互作用，在数据支撑下以网络为中心驱动作战。联合防空反导作战态势认知的三个世界，基于战场网络连接系统和大数据对接贯通，构成客观物质世界网络、客观知识世界网络、主观精神世界网络。各实体作为整个网络的节点，共同连接成动态、分布可伸缩、高度信息共享的有机整体。

基于大数据的使能网络，赋予战场态势认知四项能力：一是感知能力，即侦察、搜集、监测、跟踪战场目标和环境数据信息的能力；二是认知及认知交互能力，即将感知信息进行集成融合并共享感知以在思维和认知领域形成对战场态势的共同理解；三是同步协作能力，即各实体相互沟通、彼此选择、协作配合地采取一致行动；四是效果评估能力，即对各战场行动完成使命任务的情况进行评价。基于大数据的联合防空反导作战全维态势认知，是在由兵力、兵器、系统、设施构成的客观物质世界网，由基于云计算的大数据平台客观知识世界网，以及由基于指挥人员思考判断和谋略智慧的主观精神世界网的"三个世界"网络体系结构中立体交互进行的，如图 4-4 所示。

图 4-4 "三个世界"立体交互行动网

(二) 高弹性可扩展大数据处理关键技术

大数据的本体包括大量数据和大数据技术两部分，近年来随着信息和网络技术飞速发展各自取得了长足进步。大数据技术是从各类数据中高效获取价值的技术，可划分为大数据采集、分布式存储、并行处理和可视化呈现等几类功能技术群，每一类又涉及一种或数种具体技术，它们共同构成情报大数据处理的完整生态系统，相关技术体系架构如图4-5所示。

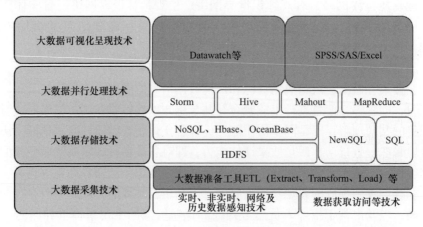

图 4-5 大数据处理相关技术体系架构

1. 大数据采集技术

大数据采集主要通过射频、数据传感器、监控摄像头等实时渠道，以及历史视频、社交平台、移动互联网等非实时渠道，对包括网络日志、流量数据、数据库及其他数据集等情报资源进行采集，涉及的主要技术包括大数据感知技术、大数据基础支撑技术、大数据准备技术三种。其中，大数据感知技术由数据传感、网络通信、传感适配、智能识别体系和资源接入系统提供支持，通过跟踪、定位、识别、接入、传输、转换、监控、管理等，获取情报大数据；大数据基础支撑技术由数据获取、储存、组织和操作接口技术、传输压缩、隐私保护等组成，向结构化、半结构化和非结构化数据库、物联网资源提供虚拟化的服务器；大数据准备技术包括 Flume、Kettle 等 ETL（Extract Transform Load）工具技术，通过数据抽取、转换、加载，将结构复杂的数据转化为结构单一或方便快速处理的数据结构。

2. 大数据存储技术

以提供情报数据的扩展性为主，分为数据容量扩展、数据格式扩展两类。对数据容量的扩展，主要以低成本方式，实现在底层存储系统上及时、按需扩展存储空间；对数据格式的扩展，主要实现对各种半结构化、非结构化数据的管理。目前主要的大数据存储工具包括：Hadoop 平台上的分布式文件存储管理系统（HDFS）；可处理超大规模数据的非关系型数据库（NoSQL）；与NoSQL 配合使用支持传统数据库 ACID、SQL 特性的新的可扩展高性能数据库（NewSQL）；针对结构化数据的分布式、可伸缩、高性能动态型数据库（Hbase）；实现在超大规模数据上跨行跨表事物的高性能海量数据分布式管理数据库系统（OceanBase）；其他数据组织存储技术。与传统的关系型数据库相比，大数据存储技术不强求数据一致性而采用结构化数据表方式，对非结构化数据进行灵活并发管理。

3. 大数据并行处理技术

主要功能是对情报数据进行整理、加工、分析、提炼，包括数据分析技术、数据挖掘技术两类。

（1）数据分析技术。借助分析手段、技巧和方法进行数据探索、解析，从而发现相关关系、内部联系和行为规律，为作战筹划决策提供参考，主要软件包括：对实时数据进行分析和可视化（Datawatch）；算法开发、数据分析和可视化以及进行数值计算的高级计算语言和交互环境（MATLAB）；数据库集成、序列查询及序列处理的数据库整合平台（SAS）；由 IBM 公司开发的统计分析运算、数据挖掘、趋势预测及决策支持工具（SPSS）；分布式、高容错的实时数据计算工具（Storm）。

（2）数据挖掘技术。从有噪声、不完全的模糊数据中提取有潜在价值信息、知识的技术，主要软件包括：基于 Hadoop 的机器学习与数据挖掘分布式框架（Mahout）；属于 GUN 系统的用于统计计算、统计制图的工具（R）；其他提供数据挖掘能力的新型技术。大数据挖掘技术允许桌面用户任意点选访问，抽取数据并转换为实时数据，用以显示、判读、与其他用户或系统共享，同时 Datawatch 等定义了数据行和列的转换以保证数据充分可复用，用户通过点选可快速显示最新数据。

4. 数据可视化呈现技术

将错综复杂的数据，以图片、表格、映射关系等直观的形式简洁、动态、智能化地呈现给用户，主要涉及前面已提及的 Datawatch、MATLAB、SAS、SPSS、Excel 等数据可视化工具和手段，其中较为流行的 Datawatch 可提供包括地平线图、线形图和堆栈图等功能，使对历史数据的分析更简单、高效，Excel 作为最简单易用的数据工具通过集成 SVG（Scalable Vector Graphics）格式图并导入 EMF（Enhanced Meta File）文件生成群分的自由格式地图，在态势描绘上有极大用途。数据可视化呈现，是人-机结合情报处理系统以通用的大数据工具手段和标准化访问接口，理解联合防空反导战场复杂情况，从海量、实时的动态、非确定甚至相互冲突的情报中整合获取深层次认知，以检验预测信息、探索未知信息，进行快速检验、理解、评估和交互的技术，是形成态势认知产品的关键转化环节。

（三）大数据情报分析服务系统支撑架构

1. 系统的基本功能

大数据情报分析服务系统，是联合防空反导作战大数据情报中心的功能核心，它依托基于 Hadoop 的情报大数据云处理架构，以集中式情报数据处理和智能化态势情报服务，将多源情报网络收集的数据交由云环境下的分布式计算资源进行处理，加工生成可供指挥者识读的动向情报、供指挥系统读取的专题情报和供信息化武器平台加载的目标情报，以定制化的态势认知报告、自主检索服务、自助式情报资源（设施）调用等共享交互模式提供用户使用。

2. 系统的建设目标

（1）大数据情报分析服务系统解决的主要问题：一是克服情报数据多元化造成的融合困难。联合防空反导作战情报数据，既有航空侦察、技术侦察和特种谍报信息，也有实时预警探测系统、网络情报系统、公开媒体等渠道收集的公开信息，还有友邻部队和档案数据库中的情报知识，数据形式多，涉及领域广，实时性强、半结构化与非结构化数据占据主体。二是缩短情报处理时效性差与情报需求急迫之间的差距。联合防空反导作战情报数据，来源渠道多、生灭变换快、信息含量低，敌方实施强电磁干扰和多种反侦察措施将导致数据真假难辨，影响情报处理时效性。三是解决传统情报保障模式难以适应立体空间联合实体实时交互的难题。敌空袭作战群立体并进，我防御作战实体多维多元联动，情报流通既要满足纵向交互、横向交换需要，又要保证随遇接入、按需索取的需要，传统点对点式或"烟囱"式模式，机制僵化效率低下，难以满足实时处理、灵敏作战、快速打击的需要。

（2）构建大数据情报分析服务系统的目标。首先是针对海量异构数据运用大数据技术提供面向作战的情报业务应用服务；其次是着眼情报体系多节点之间共享资源和协同应用的需要，以开放灵活架构，实现数据与平台以及平台与应用之间的有限耦合；最后是参考遵循相关军事标准和技术规范，强化系统间的无缝衔接和资源高效利用。

3. 系统的支撑架构

（1）资源基础层。提供支撑系统运行的物理环境，分为基础设施、数据资源。基础设施包括硬件和软件，为系统提供网络环境、存储条件、计算能力，以及应用软件、操作系统等资源，同时包含相应的系统调度、资源管理和运维监控功能；数据资源包括分布式存储、统一的数据搜集整合和逻辑描述能力，主要由情报元数据和各种业务数据构成。

（2）基本支撑层。提供数据分析、处理、服务化应用的平台和业务环境，分为平台、应用支撑两部分。平台支撑包括 SQL/NoSQL 数据库、Hadoop 分布式架构、Spark 集群计算和 Storm 流数据处理环境；服务化应用业务环境主要在面向服务的体系架构下，提供海量数据存储管理模块和分布式并行处理数据框架。基本支撑层为系统的构建和运行提供基础业务支撑和共性功能模块。

（3）服务提供层。实现通用业务处理功能和专门业务服务功能，形成情报共享和协同的环境。通用业务处理功能，主要包括声音、图像、视频情报处理、文字情报处理、网络情报处理、电磁情报处理，以及相应的信息采集编目、情报质量评估、情报共享集成、情报备份归档等业务；专门业务服务功能，主要包括情报检索查询、情报关联印证、情报集成融合、情报发布/订阅、情报资源调用审核等，既可提供标准化定制服务，也可提供专门的信息查阅/深度分析/资源申请服务。

（4）情报应用层。以相关业务及服务为基础，实现保障人机交互操作的具体业务应用。主要应用包括综合情报应用、情报态势应用、动向情报应用、专题情报应用、目标情报应用和情报服务界面等模块。

（5）安全保密体系。纵向贯穿整个体系架构，主要从技术、机制角度确保系统安全保密和可靠运行，包括注册认证、访问控制、安全审计、加密解密、容灾备份等。

（6）技术规范体系。在每一层实现，主要用以规定系统各层次、各阶段的数据标准和技术规范，包括基础设施标准、信息服务标准、数据标准规范、通信接口规范等。

大数据情报分析服务系统的支撑架构，采用系统集成、功能分层和面向服务的设计，如图 4-6 所示。这一架构可提供标准化的服务组件、服务接口和灵活的服务方式，确保各类组件面向不同业务可重用并与现用装备有效整合，采用大数据成熟技术处理传统情报手段难以应对的数据难题，又能在保证系统负载均衡的同时面向多元联合防空反导作战实体提供标准化、个性化的情报服务。

（四）大数据态势认知系统主要功能模块

大数据态势认知系统主要功能模块，是依据系统纵向分层支撑、横向互联调用的逻辑结构进行的功能分块，主要分为数据搜索跟踪模块、信息加工过滤模块、情报智能判读模块、结论智能推送服务模块、情报建档入库模块等五大类。

1. 数据搜索跟踪模块

实现发现知识和信息的功能。主要包含：①查询语令识别模块。针对用户可能使用的非准确检索词或短语中的虚词，进行分词、去除虚词、抽取实词等检索词语预处理，保证检索请求的准确度；②联合防空反导作战本体知识库，系统可基于本体知识构建理论，明确防空反导作战概念以及概念之间的关系并构建知识库，为系统推理机提供事实和推理规则，以此在情报关联推理过程中发掘隐含或细微的事件之间的关系；③机器自动翻译和记忆模块，依托大数据与翻译记忆技术实现基于网络的大数据多策略翻译模型，以满足多领域、多语言情报数据的识读需求，保证对多语种情报的有效监测；④分布式网络搜索模块，基于分布式网络爬虫技术①预设搜索语法规则，对作战对手或潜在对手进

---

① 网络爬虫（Web Crawler），又称为网页蜘蛛，网络机器人，是按一定规则自动抓取互联网信息的程序或脚本，按照系统结构和实现技术可大致分为通用网络爬虫（General Purpose Web Crawler）、聚焦网络爬虫（Focused Web Crawler）、增量式网络爬虫（Incremental Web Crawler）、深层网络爬虫（Deep Web Crawler），实际应用中通常将几种技术结合使用。

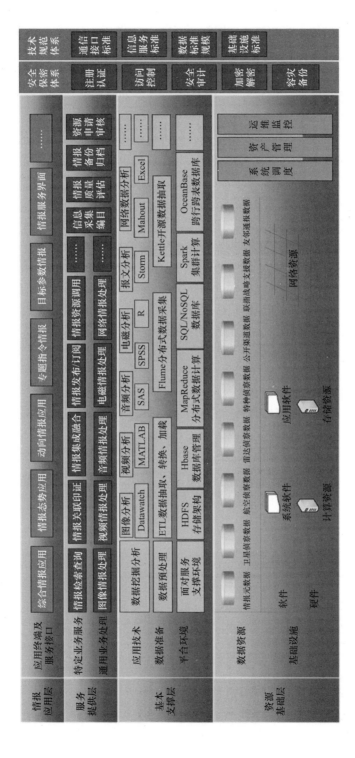

图4-6 大数据情报分析服务系统的支撑架构

行网络上或监控点的不间断监测、跟踪和识别，自动规整其中的有价值数据信息并提交信息加工过滤模块处理。

2. 信息加工过滤模块

主要功能是将异构数据转换为语法和语义统一的通用数据。借助联合防空反导作战本体知识库及规则库，将不同来源、不同制式、不同语义甚至相互冲突的情报做深层次处理以实现对情报内容的理解表达，并在人工辅助下对数据进行过滤、清洗以去除杂质和无关信息，对比信息源和历史数据以提高情报的有效性、可信度。经过加工过滤的精细情报数据可加入情报语义元数据库以供其他情报分析模块调用。

3. 情报智能判读模块

主要借助专家智慧、人工智能等多智能体进行情报推理判断。以各军兵种部队防空、反导作战专家的专业知识和经验智慧为基础，在大数据情报支持下，实现多智能体结合的专家思维过程模拟并对相关情报进行推理推断。运用网络分析法，将专家系统推理结论进行可视化建模呈现，构建反映空袭之敌行为特征和规律的时空演化图谱，并精确预测其进一步行动的时机和范围，提前发布空袭威胁预警，体现了基于大数据的情报态势工作对传统情报工作最大的区别和超越。

4. 结论智能推送服务模块

主要提供用户视角的个性化情报保障能力。通过记录用户在一个有意义时间段内的操作痕迹信息，收集用户的兴趣点和输入参数，建立起动态的用户偏好特征库，并以此在检索后台主动为用户发起检索请求，借助信息推送技术让信息自动寻找用户，通过行为观察、自建规则、后台运行和信息预置提高情报检索服务的主动性、时效性，从根本上解决情报加工和应用之间不匹配的矛盾。

5. 情报建档入库模块

主要实现对情报数据库的可信任扩充。通过整合各类作战单元的已有情报，建立完整可靠的情报数据增量，进行授权的情报数据库扩充，以提高情报部门的信息整合和数据管理水平。同时，将情报库中的情报产品按照用户所提申请，自动整编为标准化的态势认知报告或短报文，供各级决策人员决策参考。

（五）大数据态势认知系统运行的机制模式

1. 基于大数据的态势认知运行机制

着眼联合防空反导战场高度分散化和用户需求多元化的实际，实行部署管理分布、资源统一共享，系统采用分布式运维技术对情报数据分析任务、分析计算资源、数据资产进行一体化管理，根据用户的情报保障需求进行集中与分散相结合的资源协同调度。加工成的情报态势产品，以面向服务的体系架构，构建服务化封装的情报数据核心分析功能，提供图像和音视频情报分析服务、文档类情报分析服务、电磁频谱情报分析服务、网络数据包分析服务、公开来源情报分析服务、历史情报数据检索服务等面向联合防空反导多样化情报需求的服务功能，依托标准化注册认证机制统一编制服务目录共享和管理各项服务功能。

2. 基于大数据的态势认知运行模式

主要从联合防空反导作战态势认知资源输入、服务保障面向、制成品输出三个阶段，实现系统协调一致的运行。情报资源输入阶段，根据作战需要，动态引接多种类型和源头的感知数据，如卫星监视数据、航空侦察数据、雷达预警数据、战略支援数据、友邻协同通报数据、公开渠道情报等来源各异的数据，以确保系统获取数据的全面性。提供情报服务保障阶段，按照统一标准和保障机制，向主要用户提供智能化情报订阅/分发服务，同时响应特定态势需求，向战场分域指挥所、信息化武器平台、单兵用户及其他合法用户提供个性化情报深度查询和资源自助调用服务，确保态势认知保障的针对性和全面性。在输出情报态势制成品阶段，根据指挥者、指挥系统、武器平台对情报态势产品不同的需求制式，有针对性提供战场动向描述、系统指令信息和目标参数等数据信息。情报大数据运行的机制模式如图4-7所示。

（六）大数据态势认知系统基本运作流程

基于大数据的联合防空反导作战态势认知系统运作流程，可概括为以下5个步骤：

（1）各种侦察技术平台和各军兵种情报人员根据作战情报需求，向情报检索系统提出情报需求关键词或描述语言。

（2）检索模块利用分词工具等，抽取用户输入的关键词并加入关键词库完成语令更新，系统自动查询以往检索记录或启动新的搜索，将获得的检索信息交付给信息加工过滤和分析处理模块。

（3）信息加工过滤和分析处理模块调取系统资源对交付的情报信息进行加工处理，生成目标情报，根据用户属性、查询性质交付用户及态势预警模块。

（4）系统自动对比预设的预警阈值，当达到预警条件时发出预警提示。

（5）智能化情报服务模块动态、连续作业，根据新的战场情况更新情报

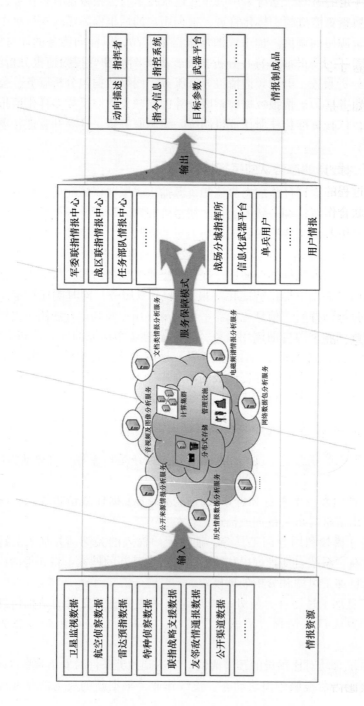

图4-7 情报大数据运行的机制模式

64

数值，按照一定的时间间隔自动为用户发起同一情报主题的新的检索、推送服务，确保作战态势情报的实时连续。

四、基于大数据的联合防空反导作战全维态势认知过程

态势认知，是一个由态势感知，到态势认识，再到态势预判并形成共识的循环迭代过程，前一个态势认知过程所形成的目标态势构成下一个态势认知过程的初始态势。在初始态势向目标态势转化过程中，有一些起关键性枢纽作用的中间态势，称为"枢纽态势"。① 简单的作战，往往只需经历一个枢纽态势，就能完成全过程的转化。而基于大数据的联合防空反导作战，是复杂网络环境下的一体化联合作战，态势认知过程涉及因素众多、跨域联动性强、整体化程度高，需要经历若干枢纽态势实现初始态势向目标态势转化。

（一）态势感知

态势感知是通过搜集、侦察、监视、跟踪等手段，收集并汇总作战对象和战场环境等各种信息的活动。多源态势感知信息可分为环境基础信息、战略信息、战役信息、战术信息、战时动态信息和作战模拟数据等六大类，如图4-8所示。

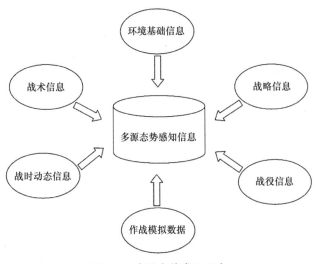

图 4-8　多源态势感知信息

---

① 枢纽态势，是指挥者设想的能积蓄和发挥己方优势，压制或削弱敌方优势的主观态势，是态势认知的核心和关键环节。

1. 环境基础信息

环境基础信息可进一步细分为环境信息、基础信息，主要指与预设战场相关的自然环境、社会环境、电磁环境、网络环境等客观存在的，在较短作战周期内不太会随时间变化而变化的信息，以及敌我双方防空反导作战主要装备型号、性能、数量和基本作战运用特点，相关的防空反导历史战例和演习等相对稳定的信息，是态势认知的基础性知识类信息，具体内容见表4-1。

表 4-1　态势感知环境基础信息

信息类型	信息属性	信息领域	信息来源
环境基础信息	环境信息	自然环境信息	水文资料；地形资料；地质资料；气象资料；气候资料；等
		社会环境信息	人口数据；民族情况；宗教信仰；风俗习惯；语言情况；行政区划；路网资料；桥梁设施；机场位置；标志性建筑；港口设施；供水供电管网；支柱产业；等
		电磁环境信息	电子对抗频谱监测数据；主战武器装备频谱特征数据；民用设备电磁辐射信息；自然界电磁波；等
		网络环境信息	网络设施配置；网络资源分布；网络平台资讯；网络信道；网络安全动态；网络日志；网络战工具；等
	基础信息	防空反导装备信息	防空反导主战装备性能参数；防空反导主战装备型谱数据；防空反导装备数量及部署情报；等
		防空反导战法运用	"空地一体战"战法；"空海一体战"战法；精确作战战法；快速决定性作战战法；跨域协同战法；等
		防空反导历史战例	海湾战争中的多国空袭作战；科索沃战争中的空袭作战；伊拉克战争中的精确空袭作战；巴以冲突中的以色列反火箭弹作战；叙利亚内战中的大国干涉空袭作战；等
		防空反导作战演习	美军"红旗"系列军演；中国空军"红剑"系列演习；北约"无畏之盾"－2017一体化联合防空反导（IAMD）演习；等

2. 战略信息

战略信息主要指当前国际局势、地缘战略、潜在对手（敌方）的政治经济外交战略、军事盟约和可获得的战略性作战支援、最高决策层的战略意图、主要指挥官的性格特点、国内外舆论等具有全局宏观性和较强针对性的信息，是态势认知的基本出发点和立足点，具体内容见表4-2。

表 4-2 态势感知战略信息

信息类型	信息属性	信息领域	信息来源
战略信息	全局宏观信息	国际局势	美国战略东移；中东地区反恐（ISIS）；乌克兰危机；叙利亚危机；半岛核危机；等
		地缘战略	美国亚太再平衡战略；北约中东欧反导计划；"美、日、印、澳"印太战略；驻韩美军部署 THAAD 计划；等
		潜在对手（敌方）信息	美、日军舰巡航南海行动；日本自卫队"西南诸岛"防卫计划；美、印、日"马拉巴尔"联合军演；韩、美"乙支自由卫士"演习；等
		军事盟约	"北大西洋公约组织"；美、英、加、澳、新"五眼联盟"；韩美军事同盟；日美防卫协定；等
		可能的作战支援	日美防卫合作指针；美、日、印、澳四方安全机制；等
	具体对象信息	最高决策层意图	防御性国防政策；积极防御性国防政策；进攻性国防政策；等
		主要指挥官性格特点	灵活应变型性格；宽容魅力型性格；博采广纳型性格；谋略深算型性格；刚毅果断型性格；小心谨慎型性格；等
		国内外反战舆论	消极避战舆论；求和维稳舆论；强烈反战舆论；同心抗敌舆论；众说纷纭舆论；等

3. 战役信息

战役信息主要指相关战略方向核心和重点保卫目标位置、机场和港口分布及进出港航道划分、地空导弹与岸舰导弹阵地配置、指挥机构设置与战场网络分布、频谱范围和用频管理机制、航空与船舶航行管制消息发布等反映联合防空反导作战征候的非实时信息，是态势认知的主体构成要件，具体内容见表 4-3。

4. 战术信息

战术信息主要指飞机编队转场、航空母舰编队开进、陆基导弹部队机动、作战物资前运、雷达系统开机调试、侦察力量调配和抵近侦察活动、敌方指挥通信网络核心节点、关键链路及其活动信号等反映明显空袭迹象的近实时信息，是态势认知的直接依据，具体内容见表 4-4。

表 4-3　态势感知战役信息

信息类型	信息属性	信息领域	信 息 来 源
战役信息	非实时征候信息	重点保卫目标信息	目标位置纵深、目标所处自然条件；目标周围居民地分布；目标周边防御部署；等
		空战场基本信息	机场及飞机洞库分布；飞行航线；防空识别区；指挥所配置地域；地空导弹（高炮）阵地；警戒雷达配置线；主要空中打击平台；主要弹药；等
		海战场基本信息	舰队基地位置；进出港航道；舰艇编队配置及防空反导主战装备；航空母舰或舰艇编队战备（演习、训练或休整）情况；岸基观通站；岸基（舰载）预警雷达；巡航航线；中途休整补给基地；等
		陆战场基本信息	陆军防空反导部队配置；防空反导主战装备；防空反导任务区；等
		电磁战基本信息	受控电磁频谱范围；电磁作战装备性能；电磁干扰手段；电磁防护手段；电磁压制手段；战场电磁环境；战时电磁频谱管制措施；等
		网络战基本信息	地域光纤通信网；中继枢纽设施；数据集散点配置；网络作战力量配置；网络防御（攻击）机制；等
		民事相关信息	公路、铁路、民航、海上方向禁飞（航）令；等

表 4-4　态势感知战术信息

信息类型	信息属性	信息领域	信 息 来 源
战术信息	近实时迹象信息	军事力量部署、机动	战斗机编队转场；航空母舰编队开进；岸导部队机动；公路铁路水路编组输送；作战物资前运；间谍侦察卫星调配；等
		异常军事动向	联合训练活动加强；部队战备等级转进；休假军人召回；雷达设备开机调试；指挥通信网络通联；阵地撤收；生活物资装载；等
		行动活跃信号	飞机编队满油挂弹起降训练；防空识别区加强查证识别；电磁信号活跃；侦察活动异常增加；网络空间黑客活动频繁；军事设施供水供电异常；投放传单；网络媒体言论煽动；等
		联合行动信息	陆空火力协调线；海空火力协调线；岸舰火力协调线；信火作战任务规划；网络舆论诱导管控；等

5. 战时动态信息

战时动态信息主要指目标批次和航行路径、敌我特征识别、敌电磁干扰电子压制和网络攻击发起预警、战术弹道导弹和巡航导弹发射迹象及飞行参数、监视预警和火控雷达开机启动、特种作战分队回传前沿阵地目标指示及纵深机场炮火呼叫信号、突袭目标火力毁伤程度、作战保障需求动态等实战攻防对抗的实时信息，是态势认知的动态变量，具体内容见表4-5。

表4-5 态势感知战时动态信息

信息类型	信息属性	信息领域	信息来源
战时动态信息	实时数据信息	战术弹道导弹攻击信息	导弹起竖征候；红外成像卫星观测点火信号；弹道解算识别；飞临方向和空中机动跟踪信息；布撒诱饵弹特征；等
		空中作战信息	目标批次和飞行路径；敌我识别特征或电子应答；雷达截获信号；电子战飞机伴飞辐射及布撒干扰源；空地（舰）导弹飞离载台信号；空袭弹药类别；等
		水面作战信息	舰艇编队作战队形配置；雷达跟踪锁定目标参数；巡航导弹发射；空（舰）地（舰）导弹发射；等
		陆上作战信息	情报中心远方空情预警；指挥所战备等级转换；雷达监视和观察哨跟踪报告；火控雷达开机；特种分队回传目标信号；敌目标毁伤情况报告；作战物资消耗信息；等
		网络作战信息	网络防御态势预警；网络防御机制启动；网络作战跟踪；网络节点链路毁伤评估；备用网络应急启动；等

6. 作战模拟数据

作战模拟数据主要指不同层次、规模的作战模拟系统，基于不同的推演条件设置而对实兵对抗过程进行预实践的过程中产生的庞大数据集，是态势认知的参考校验，具体内容见表4-6。

表4-6 态势感知作战模拟数据

信息类型	信息属性	信息领域	信息来源
作战模拟数据	模拟数据	模拟系统数据	兵棋推演报告；系统仿真数据；网上对抗复盘检讨；智能专家系统咨询数据；自动文书生成报告；等
	实况数据	实兵对抗数据	联合部队实兵对抗数据；联军部队实兵对抗报告；红蓝对抗报告；指挥机关带部分实兵的演练总结；等

信息源自数据，通过广泛分布于战区和战场空间的太空间谍侦察卫星、临近空间无人飞行器和高空长航时无人侦察机、平流层观测预警平台、空中预警指挥机和无人机"蜂群"、舰载固定翼侦察机和预警直升机、陆基海基 X 波段

和相控阵雷达网、地面观察哨及网络空间侦察分队，以及寓于平时的特种侦察、人工情报和公共媒体信息跟踪收集，面向不同战略方向的潜在联合防空反导作战对象进行有针对性的平时数据收集、有时限的情况侦察和连续的动态监视，经过制式化预处理生成态势感知数据源，统一汇入情报侦察网，进行分布式存储。

（二）态势认识

态势认识，指情报机构、人员和系统通过数据挖掘、分析、鉴别和评价等机制，将态势感知数据转化为可供指挥者认识的态势知识和指挥系统识别的态势信息，以最大限度揭示情报价值的活动。美国国防部将态势认识定义为"对全源数据的综合、评估、解析和研读，把数据处理转化为情报以满足已知的或潜在的作战需求"。

态势认识的本质，是把情报数据资源及其半成品加工成情报认知产品，其中数据是情报资源，知识和信息是情报产品，大数据相关技术是情报认知生产工具，加工过程如图4-9所示。

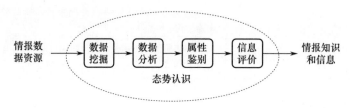

图 4-9　态势认识加工过程

1. 数据挖掘

根据数据来源和格式不同，把预处理过的文本、图像、音频、视频、电磁和网络报文或数据包等做进一步关联、归类、聚类和偏差分析，提取时间、空间、目标要素和主题、模式等粒度较粗的信息、知识。

2. 数据分析

通过 Hadoop+Storm+Spark 等典型分布式大数据处理架构，集结大规模廉价计算资源，访问和调用 HBase 分布式数据库管理下的 HDFS 分布式文件系统存储的海量异构数据，利用 MapReduce 计算模型做大规模并行运算，并基于 Storm 与 Spark 数据流处理和集群计算引擎实现数据流快速交互，在限定的精度和时延范围内从大量实时性数据中发现数据归属、目标特征、弹道航迹和预定落点等细粒度信息。

3. 属性鉴别

通过信息分类、整编、索引、标注、关联和模式识别及推理判断技术，将之前步骤获得的粗粒度轮廓信息、细粒度特征信息及标准化情报元数据进行集成、关联和推理，剔除杂波、噪声和失真信号，形成对同一目标不同维度的不完全知识、信息表征。

4. 信息评价

综合历史战例、平时情报和战略级、战役级、战术级侦察情报信息，对初步情报产品归类为知识情报、动向情报、性状情报、量测情报等归属问题做出评价，区分环境情报和目标情报。通过目标情报的完整度、清晰度和连续性确认其可信性，通过目标情报的实时度（保障快速尽远识别）、精准度（保障清晰准确识别）和并发性（保障同时识别多批次目标）确认其可用性，为指挥者和智能化态势判读系统识别及应用做好准备。

2016 年，美国电子电气工程师协会（IEEE）文献显示，美军已通过将战场目标大数据分析研判与传统侦察识别技术相结合，攻克目标识别关键技术。通过对比目标历史数据与实时图像、电磁特征等，可发现因现有隐蔽伪装技术无法完全模拟目标的全部特征而暴露出的异常变化，从而判别疑似军事目标及其类型，甄别干扰性伪装或假目标。同时，大数据识别简化了打击链路，能通过战场实时信息收集、分析与研判修正目标信息，由数据链实时传输给飞行中的导弹，实现了精确制导武器无须锁定目标即可发射。

（三）态势预判

态势预判是指综合运用情报数据集成融合、态势图景可视化呈现和指令信息交互共享等技术，实现全维一体、异地共享、同步联动的战场认知、威胁判断和趋势预测，为作战筹划决策提供认识基础、态势引导、数据支持和服务保障。

态势预判是一个态势周期的核心枢纽，其输入/输出的情报繁复庞杂、态势多源多维、预判过程智能联动，预判结果要为多维战场空间的防空反导作战单元提供决策依据，很难对其做出简明清晰的阶段划分。从态势处理产品的通用性和决策支持的共性需求角度出发，将其划分为情报集成融合、态势可视化呈现、指令交互共享三个阶段是可行的。上述三个阶段是一个认知逐步深化的过程，先从客观物质世界现实战场生成的数据，再转化为客观知识世界情报系统获得的知识，后上升为主观精神世界指挥者头脑中得出的判断，最后运用于指挥客观物质世界的防空反导兵力兵器对敌实施自同步联合作战。

1. 情报集成融合

情报集成融合是指把多种来源和方式获取的异构情报汇集到一起，通过科学合理的应用方案做综合集成和模型优化，将情报加工成更加科学易用的组织结构和表达形式。

（1）情报集成融合的目标，一是扩充情报规模，确保情报信息全面多样、客观真实、新颖有效；二是进行情报清洗，对类型不一、结构各异的情报进行内容抽取和格式转化，识别重名、别名信息，剔除失效、虚假信息，鉴别权威、核心信息；三是进行情报降维，确认情报来源及与情报主题的相关性，核准印证非精确情报，查漏补缺残不完整情报，提高情报的可读性和可对比性。网络大数据环境下，情报分析由以情报检索序化为主向情报分析转化转变，其数据基础由抽样数据拓展为全样本数据，分析方法从侧重因果分析转为相关性分析，分析效果由强调绝对精确转为追求效率。

（2）情报集成融合的任务，是情报更新同步、数据清洗比对、情报记录滤重、字段映射互补、元数据规制描述、异维异构数据加权等，各项任务分别对应具体的大数据技术与方法。联合防空反导战场，情报平台手段全维分布，情报对抗贯穿全程，无明显阶段划分，导致新旧情报具有累加性、前后情报具有关联性、真假情报具有伴生性等特征。仅凭单一来源、时段、行为的情报无法窥知目标的全部真实情况，只有把所有来源、时空和行为的情报汇聚在一起，才更有可能发现有关目标的高价值线索，提炼出作战急需的结论。

（3）基于大数据的联合防空反导情报集成融合，是基于相关关系融合、基于空间关系融合、基于时间关系融合的有机统一，形式如图4-10所示。相关关系融合，解决的是为无直接因果对应关系的事物之间建立联系的问题；空间关系融合，解决的是由主题聚类找出元素共性并以此进行目标分群和领域细

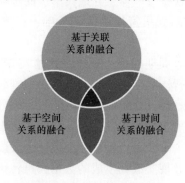

图 4-10　多源情报融合形式

分的问题；时间关系融合，解决的是聚合不同时段的同一主题数据以观察推断其趋势、动向、前景的问题。只要情报数据足够多，基于三者融合的判断就越清晰，结论就越准确。

（4）以情报集成融合中的数据清洗为例，联合防空反导作战的激烈对抗属性，不可避免带来情报系统获取的数据不完备、不一致和重复矛盾等问题，需要对不规范的情报进行清洗和过滤。这一过程的情报集成融合，主要完成对同一数据的不同描述归一化处理（包括全称和缩写、同义词转换、缩略语和全称转化、同一作战单元的多名称合并和同功能机构的归并重组等），形成相应情报分析质量报告并提供查询统计，根据目标情报特征去除噪声污染数据，集成字段缺项数据予以交叉印证等。通过情报集成融合，能将以各类传感器为代表的物理域，以数据和信息为代表的信息域，和以各种人为因素为代表的认知域无缝对接，使碎片化的多重相关情报线索统一为全景态势，从而获得对目标更清晰、更客观、更本质的认识，达到人机交互、处理时效、智能支持和感知协作等能力的提升。

2. 态势可视化呈现

所谓可视化，不仅指信息可看可读，也指信息可被人脑认知和机器识别。态势可视化呈现，是把经过一系列态势加工处理过程的情报信息流，以指挥员及其参谋人员、机器判读运算系统和武器平台指令操控系统能够识别的形式、内容提交和展现出来，交付人-机系统阅读使用，代表了全维态势认知产品的输出。

（1）传统的态势处理系统图像/数据融合和态势生成遵循分级处理、逐层综合、集中生成的步骤，信息流程长，时效性差。由技术与指挥并重的精干指挥人员、智能化态势判读系统和大数据支撑系统构成的联合防空反导作战态势认知主体，机器辅助系统随着人工智能等前沿技术的实用化越来越多地承担起重要支撑功能，而承载人类智慧的具有不可替代作用的人的因素仍将长期处于核心地位。泛滥的战场情报数据洪流使"情报人员在处理和接收信息时像打开高压水管喝水一样困难"，制式复杂、高度抽象的机器语言使实时高效的人力判读越来越难以满足作战指挥的需要，不同指挥体制和信息制式的防空反导武器平台需要数据支持以针对战场态势变化快速做出反应。美军研究认为，通过图形等具象形式展示信息，比抽象的文字内容识读效率高 60 倍。

（2）态势可视化呈现的目标，一是完备展现态势内容，紧紧围绕作战指挥情报需求，表现敌情、我情、战场环境、决心任务的现状及未来趋势，如表 4-7 所列；二是综合运用图、文、库、表多种表现形式，按照简明、多样、系统配套的标准，完善以图为主，文、库、表为辅的联合防空反导作战综合态势图、作战文书、态势数据库和指挥简令表，解决好单一"图"不够用的问题，具体内容见表4-8。

表 4-7　战场态势图信息的内容

态 势 需 求	信 息 内 容
敌情	敌空袭兵器型号（编号）、属性、位置、状态等；敌作战体系结构、网络分布、枢纽链路、强点弱点等；敌信息作战频谱范围、用谱特点等
我情	上级指挥位置、联合任务部队指挥所位置、友邻指挥所分布；主要战役部署和作战分界线；本级作战实体的任务、状态、位置和防护保障措施等
战场环境	以指挥控制系统的数字地图等为主的载体所显示的地形、地物、地貌、海况、气象等
决心任务	主要和次要的进攻（防御）方向、任务线、兵力编成和火力编组等决心任务信息；射击安全区、陆空（陆海、海空）火力协调线、禁飞（航）区、联合协同任务、计划等

表 4-8　图文库表态势表现形式

表 现 形 式	信 息 内 容
战场综合态势图	展现敌情、我情、战场环境、决心任务等信息的公共作战图、公共战术图、火力控制图
作战文书	作战指挥文书模板、文书质量控制、补充文书说明等
态势数据库	提供战场态势分发、查询、管理服务的大数据态势认知系统数据库
作战简令表	预先编写并装订在指挥系统的指挥短语、对应防空反导武器平台的指令调用控制等，实现从传感器到射手的全程指令贯通

战场综合态势图包括非实时的公共作战图、实时/近实时的公共战术图、实时的火力控制图等三类示图，它们根据网络环境下不同决策主体和受控客体的需要，提供不同详细程度、清晰程度和更新频率的态势信息，其呈现的信息内容如表4-9所列。

表 4-9　战场综合态势图分类

分 类	时 效 性	构 成	用 途
公共作战图（COP）	非实时	敌我行动路线、战法运用特点、指挥员性格习惯，及其他政治、经济、环境、社会等信息	任务规划、部队管理等
公共战术图（CTP）	实时/近实时	ISR系统情报信息、通信系统和信号、网络链路和电磁频谱，武器系统性能参数等	提示及战场资源管理等
火力控制图（FCP）	实时	针对特定目标的火控级别数据和量测信息等	武器发射控制和制导等

（3）态势可视化呈现过程，主要包括敌情态势判处、我情态势呈报、战场环境态势导入、态势图层叠加和态势图景生成，以及建立相关库表索引等内容。大数据可视化技术作为日臻成熟的海量、多维、复杂数据可视化显示技术，为战场态势可视化提供了关键技术保障。

以敌情态势判处为例，其作为联合防空反导战场态势可视化呈现的重点内容，主要通过性质判定、真假判定和重复性判定，来实现对敌方空袭目标的研判。性质判定主要通过影像判读、迹象比照、信号识别和检索查询来推断目标"是什么"；真假判定主要借助光学侦察图像提取目标位置，合成孔径雷达信号排除非金属类假目标，尾焰红外侦察影像筛除无热红外特征诱饵，并综合以上结果判定目标真伪；重复性判定主要通过互斥证伪、参照证实来合并消除重复抄报的目标等。在网络化联合图层/数据系统自动协同处理下，按照时空节点统一、技术标准规范、以用户为主定义视图等原则，针对不同指挥层次以及同层次不同席位、系统和武器平台的作战态势需求，联合防空反导作战指挥态势融合显示中心将陆、海、空、天、网电及心理等领域的情报统一显示于战场综合态势图及相应文、库、表中，以按需推送、自动播发、授权查询等方式，为各级指挥决策和情报判读人员、对空（陆、海）打击平台、防空反导火力弹药、电子对抗力量防御和反击敌方舰载战斗机、战术弹道导弹、远程巡航导弹、精确制导炸弹及空地导弹（地地导弹、空舰导弹等）提供目标识别编号、弹药跟踪定位保障，助力实施快速指挥决策和精确目标打击。

3. 指令信息交互共享

指令信息交互共享是指将经过情报综合人员和态势融合显示系统加工形成的态势图景和指令信息向分布于不同战场空间的联网用户（设备）发布，供上、下（同）级指挥机构，联网指挥控制系统和末端武器平台识别、使用，同时接收下（同）级结合实际情况的信息反馈的过程。

指令信息交互共享的目标，是实现纵向贯通各指挥层级，横向联通诸军兵种，消除情报"烟囱"林立、条块分割和信息壁垒等影响情报共享共用效率的问题；指令信息交互共享的内容是态势图景、情报文书和作战简令等情报产品；指令信息交互共享的途径是网络化指挥环境、一体化指挥平台和智能化的信息分发服务机制；指令信息交互共享的过程是指令信息共享分发、威胁评估和交互评判、态势认知结论输出等三个步骤。指令信息交互共享追求的效果是实现跨地域、跨军兵种、跨系统平台的情报高度共享和高效流转。大数据时代的联合防空反导作战，高实时性、高效率的指令信息交互共享，是将情报信息优势转化为认知和知识优势，进而转化为指挥决策优势的基本过程和重要保证。美军规定，用以制定作战计划的战场态势视频地图须在数十分钟内以 30m 的分辨率传遍全战区，用于火力瞄准与毁伤评估的简表和文书须以 10m 分辨率传遍战区并能在 1min 内形成战场通用态势图。

（1）指令信息交互共享的第一步，是指令信息共享分发。由表 4-10 可知，信息化作战情报能力发展历经三个阶段：“烟囱式”情报能力效率最低，数据化/产品化情报共享实现了一体化情报共享，但适应多样化任务和个性情报需求的灵活性不够。

表 4-10　信息化作战情报能力发展的三个阶段

阶　　段	能　　　力	特　　点
“烟囱式”情报	各部门和军兵种按需独立发展情报应用能力和基础设施	浪费严重，互通难
情报数据/产品共享	通过分布式传感器集成（DCGS）和横向融合计划跨部门组网共享情报	效率高，但协作水平低，灵活性差
情报服务共享	传感器、信息资源、处理能力和服务能力综合组网按需共享情报	适应性强，共享水平高

适应大数据时代防空反导作战指挥高协作性、高时效性、高灵活性情报需求，应在以网络为中心的服务共享环境中，综合运用情报数据/产品共享和情报服务共享两种模式进行指令信息共享分发，实现全维情报资源的有机整合和一体化运用。其内涵是既按一定的规则和既定流程推送情报数据和产品，又使各种情报资源以网络服务的方式供用户按需索取，确保资源高效利用和能力动态重构。其形式不仅限于融合多源情报向用户推送或由用户订阅准确完整的情报产品，还可以以计费（量）模式向用户提供传感器、处理能力和信息设施等可共享条件，实现全网状态、能力和服务的可见可用。其实现途径，是依托栅格网络，采用服务端+客户端的架构建立供-需联系，按权限、规则和关系共享情报，同时采用面向服务的松耦合架构，将资源虚拟为可供标准化访问的服务形式，从而扩大共享服务范围和提高跨部门共享效率。以上两种指令信息共享分发方式，基于各异的情报共享服务机制，如表 4-11 所列。以二者为基础构建的网络化联合防空反导情报信息服务中心，处于指挥系统核心位置，其未来方向是综合云计算、人工智能、虚拟现实等技术的企业级环境。

（2）指令信息交互共享的第二步，是威胁评估和交互评判。高效的情报和指令信息共享，根据用户性质、级别权限和职责范围提供卫情态势图、空情态势图、水上态势图、陆上态势图、网电态势图、作战指令信息表等态势认知产品，共享情报资源和信息设施，为异地联网的各军兵种作战单元同步评估态势和判定威胁提供环境。

表 4-11　情报共享服务机制

模　式	方　式	对　象	规　则
情报共享	智能化推送	面向全体已知用户	1. 根据用户需求分类信息，按信息级别、粒度分发； 2. 按态势急缓程度动态分发，应急保障优先； 3. 根据用户状态和网络可用性，按优先级共享
情报服务	自主查询/订阅	面向合法随机用户	1. 用户根据权限检索信息库或进行关键词搜索； 2. 在上级情报共享满足不了需要时，用户可临时提交个性化订阅单索取特定情报； 3. 向上级索取情报失败时，用户申请资源自行加工

　　开展态势评估和威胁判断，与战役企图和作战任务等紧密相关，它是指挥决策的依据，也是全维态势认知的归宿。着眼实现四个目标，一是当情报信息系统完成对目标的状态融合、属性认定和身份识别后，通过高层次动态综合推断当前形成的态势认知和现实情况的吻合程度。二是利用分析掌握的敌情、我情和战场环境情况，在上下级、同级、友邻指挥机构之间异地同步解读战场综合态势图，得出敌兵力构成、作战运用、对比形势等结论，预判敌可能的作战目标和计划。三是综合敌（潜在对手）、我、友邻等各方的兵力部署、作战能力和可能目的，参照预先掌握的准确情报，分析引发当前交战各方行为的深层次原因。四是通过当前环境下实体感知、特定环境中要素理解，分析其对后续决策问题的作用和意义，进而估测在可预见的未来整体态势及其演变趋向。基于大数据方法手段的威胁评估和态势判断，能确保各级同步共享和一致理解战场态势，有效消除联合防空反导战场不确定性，为智能筹划决策提供可信、可靠、可用态势支持并有效规避决策风险，评判方法如表 4-12 所列。

表 4-12　威胁判断和态势评判方法

评 判 活 动	评 判 结 果
目标识别	辨识敌我，区分不同作战样式
目标聚并	在目标间建立联系，形成对态势实体的属性判别，按一定规则（共同作战任务、协同关系和相似航迹等）或常识对其划分作战编队（群、组），实现对目标可区分的识别
事件聚类	建立实体在时间和任务上的相互关系，形成对目标行动的判别及相关实体之间行动的相关

评 判 活 动	评 判 结 果
关系解释/融合	综合所有战场要素和态势状态，进行跨类别因素之间的关系解读
多视图评估	从多角度、多方面进行敌我和环境数据分析，估计环境、策略等因素对作战的影响

（3）指令信息交互共享的第三步，是态势认知结论输出。目标是将全维战场的情报数据、信息和知识加工整编成可供指挥决策人员使用的文书级情报、可供指挥控制系统识别的制式化信息、可供数字化武器装备标定目标的火控级指令。

① 生成文书级情报。基于网络大数据的战场态势认知，最突出的特点和优势是情报来源多、判处效能高、异地同步协作简单，实时生成的"五图一表"能够勾勒出一体化战场的全景式展示，便于分散在各战场的指挥情报人员"同台作业"，有效降低局部重复、失真情报的干扰，降低抽象、复杂的数据融合计算负担，消除因人员个体认知能力、习惯等差异导致的情况误判，通过自动化制式文书生成系统获得快捷、简明、易行的情报报告，甚至直接提供对后续决策和行动的建议方案，从而大大减轻指挥人员工作量，便于其集中精力进行创造性思考。

② 输出制式化信息。基于网络大数据的指挥控制系统面临的诸多挑战之一，是情报输入端制式各异的结构化数据、半结构化数据和非结构化数据，以及情报服务端体制各异的指挥系统和武器平台对各类制式信息的需求。体系化的情报大数据融合分析机制可"无偏见"的吞吐加工数据，并通过制定元数据和规范信息体制，输出制式化的情报产品并智能推送给各级合法用户，同时根据用户个性化需求提供情报定制服务，能满足面向不同体制指挥系统和武器平台的差异化信息供给。

③ 发布火控级装备指令。通过对高精度侦察传感数据的有效利用，对各种情报成果进行补充印证，可提高各种战场信息的完整性并评估其可用性，使装备指令信息不断更新、完善和校准，从而确保火控指令的时效性和精准度。以抗敌隐身战斗机空袭为例，借助不间断的天基遥感光学影像跟踪观测，可获得目标位置和路径信息，而覆盖重要战略方向的天基和空基雷达、红外影像情报侦测能够识别目标的真伪特征和身份，着眼特定对手及其空袭体系的光电、雷达、技术侦察、特种侦察可印证判断其真实企图和拟攻击目标性质，依据联合目标图和敌情知识库可建立目标关系，综合以上情报并去除冗余干扰信息后，可为拦截火力提供火控级情报产品。基于大数据的联合防空反导态势认知全过程，如图4-11所示。

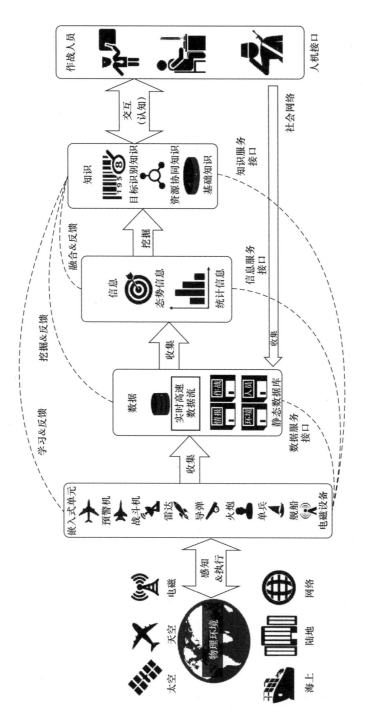

图4-11 基于大数据的联合防空反导态势认知全过程

79

五、基于大数据的联合防空反导作战态势认知实践中应把握的问题

大数据条件下的联合防空反导作战态势认知，受军事大数据资源和情报认知技术深度发展的"技术推动"，以联合防空反导作战多元实体共同认知战场合力制胜为"需求牵引"，是新兴大数据技术与新型联合防空反导作战充分融合促进，谋求信息优势并形成决策优势，进而转化为行动主导权、主动权的根本保证。基于大数据的联合防空反导作战态势认知实践，是以情报大数据支撑系统为核心，以战场传感器网络、网络化指挥控制系统、信息化武器平台为依托，在各级作战指挥情报机构和情报人员中开展的情报活动的主要内容。实践中必须立足当前和未来联合防空反导作战实际，统筹考虑需求与能力、优长与不足、技术与非技术等因素综合施策，破立并举，稳妥推进，确保基于大数据的联合防空反导作战态势认知能力加快形成。

（一）完善机制举措，创造推进条件

1. 在政策导向层面，主动为军事大数据技术发展创设联合防空反导作战"应用案例"

大数据技术飞速发展正带来信息时代质的飞跃，科技创新日新月异，技术突破更具颠覆性，导致未来军事科技的走向难以预知。各军事大国竞相将最新科技成果用于作战实践，启示我们要抢抓时机在技术创新的发起阶段就要予以足够关注和利用。作为典型的数据密集型作战，联合防空反导作战态势认知迫切需要广泛适用的大数据技术来解决数据搜集、处理、存储、传递、分析等难题，扩大情报人员掌握信息的全面性并克服人工处理的局限性。因此，基于大数据的态势认知不能仅定位为底层辅助手段，更应是不可或缺的作战情报支持手段。

2. 健全管理机制，确保基于大数据的联合防空反导作战态势认知稳定高效

情报数据获取的多源性和情报保障用户的多元性，要求必须建立对情报支援力量或合作伙伴提供数据的审查和质保标准，完善跨系统和共享实体的数据保密法规以防止失泄密事故，构建通用的元数据和数据分类标准以提高整合利用效率。

3. 转变工作思路，加强对基于大数据的联合防空反导作战情报专业化指导

基于大数据的战场态势认知极大丰富了情报数据的内容，同时也易于造成

由可获得的数据主导态势分析目的，而非由态势分析目的决定搜集何种数据，进而导致情报分析机构因方便获取某些数据而改变应该优先保障的情报方向，最终影响态势评估的客观性。专业的情报工作领导者，应始终从用户的需求出发，确定需要搜集哪些数据，优先保障哪些决策和行动；专业的情报分析人员，应具有针对特定对手的专业知识，擅长解读情报含义，并能依靠非完整的情报信息在限定范围内凭经验做出准确推理预测，而不仅仅是针对不断变化的战况做出断言。

4. 推进职能转型，增强情报机构有效应对数据供应量及用户需求量矛盾加大的局面的能力

随着联合防空反导作战数据获取和情报需求的急剧膨胀，将带来多元实体的情报期望超出情报机构应对能力，烦琐的处理加工过程降低情报时效性，传统情报手段萎缩使依靠迅速整合多重数据的智能情报手段占据主流而降低了情报机构对高价值情报的独占性，因此必须对情报机构职能进行重新定位。适应联合防空反导作战的情报机构职能，应从唯一情报生产者向数据整合和情报适应性评估的角色转变，充分发挥其直面用户和广泛接触情报提供者的优势，既供应关键性情报，又能通过网络化渠道获得外部情报支援，建立高效的内外协作机制以满足高优先级的认知空缺。与大数据技术相适应的情报机构，应包括进行大数据处理和操作的情报人员、进行专业化态势评估的情报分析师、在情报用户和情报服务之间建立广泛联系的情报职能。

5. 用好情报资源，填补基于大数据的联合防空反导作战态势情报缺口和认知空缺

情报缺口指情报保障所必需的数据不充足，易造成情报信息不全面、不完整甚至情报整体判断失误；认知缺口指提高指导情报搜集工作和筹划决策过程的理解力需求与现实能力之间的差距，将导致不可避免的不确定性而影响情报人员的信心。基于大数据的情报深度推理研判能够在缺失一定数据的情况下得出可忽略或弥补情报缺口的结论，同时借助较为稀缺的传统情报渠道获得如决策过程、行动方案等高优先级的情报可有效消除认知缺口造成的不确定性。

（二）抓住关键环节，突出指挥实效

1. 跨军种交战网联通，确保基于大数据的联合防空反导作战全维战场态势认知

在不打破各军兵种部队固有建制和指控系统的基础上，通过地域通信网将指挥控制机构连接成高速、稳固的指挥网，通过卫星通信网、无线网将分布在多维空间的侦察预警监视设备、飞行平台、舰艇编队、联合防空反导大数据情报中心以跨域接力方式连接成高速传输、实时响应的情报数据网，通过数据链将空中（水面）编队、防空反导作战单元、特遣分队、单兵联接成火力协同网，三网融合形成安全无缝网系，支持情报共享和一体联动指挥。

2. 推进预警系统联网，确保基于大数据的联合防空反导作战态势认知实践全局掌握情况

联合防空反导作战面临的主要挑战之一是导弹突防能力强、威力大、射程远、精度高，要实时捕捉高速隐身目标的特征参数，为反空袭弹药提供全程精确制导，必须实施多层交织、多传感器联合的预警探测和目标制导。通过将多基传感器平台依距离远近和高度分层，合理搭配部署成立体、协同、互补的探测网，借助地面大数据情报中心和空中指挥控制平台的高速作战计算单元，可实现对敌方目标的不间断跟踪指示和对己方弹药的接力控制引导，高效精准抗击来袭目标。

3. 综合运用新旧手段，确保基于大数据的联合防空反导作战态势认知实践衔接稳定

实施基于大数据的联合防空反导作战，是从高度信息化、一体化的实际作战需要出发，将各任务部队和作战平台从以往以自身情报力量为主收集、处理态势信息，以自身抗击、反击力量为主按地域划分抗敌来袭目标的作战模式，转变为统一搜集和处理巨量复杂情报数据、共同认识战场态势、灵活组合运用优势火力协同抗敌空袭。充分发挥大数据优势强化体系作战情报和决策能力，可有效缩小情报供需矛盾，实现情报保障效能提升。

4. 实施全维信息融合，确保基于大数据的联合防空反导作战态势认知实践一体同步

基于大数据的联合防空反导作战，最本质特点是利用大数据获取信息优势，进而转化为决策优势和行动优势。通过大数据融合技术和智能算法，将多路传感器、各型作战平台生成的实时态势信息转换集成为时间、空间、目标和参数统一的公共作战图、公共战术图、火力控制图，按照各指挥层级的情报需求和作战任务同步交互共享，保证情报分析和指挥决策人员形成共同的态势认知。

5. 重视情报演示，确保基于大数据的联合防空反导作战态势认知实践友好高效

快节奏的空防对抗和巨量的情报态势数据，要求态势认知结论以更易读懂和接受的图表、图像而非文本形式进行演示。因此，应构建形象化的演示平台，如地理空间演示等，由系统实时处理并自动录入更新态势数据以保证虚拟态势与实际战场同步，并提供超级链接或其他直观介绍方便用户"提问"互动，以此满足用户个性化情报需求。

6. 多层网络安全防护，确保基于大数据的联合防空反导作战态势认知实践稳健可控

基于大数据网络的作战优势是拓展了物理作战空间，使分散的作战单元跨越时空局限协调一致行动，弱点是网络体系的各构成子系统生存能力不同，卫星等枢纽和光纤通信网等关键链路易遭敌软杀伤或硬摧毁。应在加强隐蔽的同时，采取更有力的反侦察、反干扰、反渗透、反摧毁措施增强网络安全防御能力，并常态化维持充足的资源冗余和数据备份，构建慑战一体的反制手段，确保作战体系稳健抗毁。

（三）破解矛盾难题，消除潜在风险

1. 降低作战体系复杂度，克服态势认知实践中的过载难题

大数据网络下的全维传感器联网在实现高效数据获取与交互的同时，也带来网络传输过载严重、用户端信息拥堵、使用效率低下等难题，影响态势认知作战实践。解决上述问题：一是降低体系复杂度，统一不同类型、不同编制系统间的数据格式、接口标准、战技术指标等，以增强不同系统间的互通互操作性，保障模块化部队和武器平台能够简易接入和灵活退出作战体系；二是采取制式化态势表述，消除战场环境的不确定性、描述敌方目标的差异性和不同指挥模式间的态势表述歧义。

2. 搞好人机协作平衡，消除态势认知实践中的非理性风险

基于大数据的联合防空反导作战态势认知实践中，建立在大数据基础上的情报支持系统既不是指挥人员可有可无的辅助条件，也不是凌驾于指挥人员之上的态势认知主体，而是人机友好交互协作的智能联合体。把握好这一角色定位，就能摆正在不同指挥群体中可能存在的"唯技术论"或"技术无用论"观点，在保证机器精准认知的同时融合人脑理性认知，并避免过分强调认知速度而弱化决策弹性所造成的非理性决策，最大限度发挥人机系统合力。

3. 防范非传统安全威胁，化解态势认知实践中的矛盾障碍

全球范围内近年来的作战实践表明，人类战争活动正转向"混合战争""无人作战"等非典型作战形态。军事目标混入民事目标队伍和线路、发动袭击者以民众为"盾牌"等非传统类型安全威胁，造成在态势认知实践中明确区分目标和做出合理判断尤为困难，不明智的判断或不受控制的决策可能带来难以估量的后果。

4. 加强核心技术研发，防止态势认知对抗受制于人

大数据相关的理论、技术和实践运用源于西方，外军相关研究和应用相较于我军更占优势。单纯跟在对手后面亦步亦趋，抑或不加选择鉴别地直接拿来为我所用，将随着实践应用的深化和联合防空反导作战重要性的提升带来重大安全隐患。要防止基于大数据的态势认知实践受制于人，根本途径是加大适合我军军情的核心关键技术研发，加大对国外先进技术合理吸收转化和对国内军民两用技术的融合吸纳，通过大数据军民融合式发展实现创造性转化和创新性发展，形成和掌握自主创新核心能力，确保核心技术底层安全和实战化应用风险可控。

第五章　基于大数据的联合防空反导作战智能筹划决策

作战筹划决策是作战指挥的核心活动，是联合防空反导作战指挥员及其指挥机关统一领导、运筹谋划和计划组织多军兵种力量，对敌空袭进行威慑、遏制，以及对敌空袭兵力、兵器及设施实施防御、抗击和反击压制前的计划安排活动。智能筹划决策是着眼联合防空反导作战的高战略性，综合集成高素质指挥人员、先进决策辅助系统、一体化指挥平台的效能，更加科学的、智慧的、艺术的设计作战以谋求最后作战胜利的过程。

一、智能筹划决策

（一）筹划决策概念

1. 筹划、决策的释义

筹划，《说文解字》的释义：同筹画，指运筹谋划，也可解释为想办法、定计划，侧重于头脑思维层面。决策，"决"指决断、决定，"策"指计策、方略，决策是指对计策或谋划做出决断，侧重于选择规划层面。筹划决策，是"筹划"和"决策"两个词的合并叠加，其在突出谋略规划的同时，更注重对形成谋略规划的全过程进行考察。《现代管理科学词典》对筹划决策的定义：决策者为达成特定目标，运用科学的理论、方法和工具分析各方面的主客观条件，形成明确可用的决定计划方案，并从中选取最佳（或最满意）方案的过程。《决策科学辞典》的相关定义：在人们占有的信息与经验基础上，根据客观条件并借助一定方法，提出若干备选方案，从中选出较满意合理的方案的分析、判断与抉择过程。

2. 筹划决策意涵的界定

在军事术语中，与筹划决策意涵相近相关的语汇较多，如运筹决断、筹谋妙算、估计判断、筹算计划等。不同的词汇从不同层面或特定角度描述了形成方案、做出决定、制定计划等基本内容，但尚无统一的语素界定和语意释义。

《军语》中"作战筹划"词条的释义为：指挥员及其指挥机关在综合分析判断情况的基础上，运用创造性思维进行作战运筹和谋划，形成基本作战构想的过程。《军语》中没有对应"作战决策""筹划决策"的专属词条，参照"战略决策"的定义可将"作战决策"描述为：指挥员及其指挥机关对作战问题的筹划和决定。笔者认为，从词汇的内容覆盖面和表达意涵等角度考察，"筹划决策"中的"筹"涵盖了运筹构思，"划"涵盖了规划定论，"决"涵盖了选择决断，"策"涵盖了计划办法，"筹划决策"一词能更全面准确地传达作战指挥活动中筹谋和计划的智慧性、目标性、过程性、选择性与实践性等特点，适宜于用作对这一作战指挥核心活动的概括。

3. 作战筹划决策的发展

作战筹划决策是一项系统工程，不同时代条件下的筹划决策主体，依托不同的作战理论和辅助手段，对不同作战样式的筹划决策具有显著的差异。冷兵器时代，在敌我双方兵力、兵器对比和战场环境一定的情况下，仅靠将帅的主观谋略就能从容设计并驾驭战局，其作战指挥活动以"主观筹划决策"为主。热兵器时代，枪炮射程的增加显著拉大了敌我双方交战的空间，在作战计算能力未获长足进展的情况下，依靠指挥官的个人经验判断已较难掌控整个战局，以指挥官为主、参谋团队为辅的群体筹划决策渐成主流，这一时期的筹划决策是"定性筹划决策"。以电子计算机和互联网为标志的"第三次工业革命"，不仅使战争进入机械化时代，也催生作战计算能力质的飞跃，指挥员及其指挥机关逐渐摆脱主观臆断和概略决策，完善量化的决策辅助手段，使作战指挥进入"科学筹划决策"阶段。时代发展已开启"第四次工业革命"的今天，以大数据技术和人工智能科技为代表的前沿技术催生科学研究"第四范式"，即无须确立因果关系或精确结论，仅靠全体无规则数据的相关性及全员模糊结论，就能实现智慧发展和知识建立，推动作战筹划决策向前迈进，跨入"智能筹划决策"时代。

（二）智能筹划决策实质

1. 筹划决策各要素的发展催生智能化

作战筹划决策活动的基本要素包括筹划决策主体、筹划决策对象、筹划决策工具、筹划决策环境。实施作战筹划决策是各项要素相互联动影响，共同发挥作用的过程，其本身是不断发展变化的。智能筹划决策既不是凭空出现的，也不是某一构成要素突变导致的，而是随着第二次世界大战以来的武器装备自动化、计算机技术进步、科学理论方法发展等条件的形成而逐步出现的。武器装备的现代化自动化带来了作战效能的质变跃升，使战场空间从传统的陆、海、空战场向电磁、网络、认知空间大幅拓展，作战筹划决策数据信息的复杂多源多样导致传统的筹划决策主体内部分工更趋细化，指挥员及其指挥机关人员为了集中精力进行创造性思考，不得不将繁重的信息序化、数据计算等工作交由自动化辅助设备处理，由此带来人机结合式筹划决策形成，机器智能开始发挥越来越大作用。一体化联合作战的发展使以军事信息处理系统（C^4KISR）为标志的一体化指挥控制打击平台，将侦察情报系统、指挥控制系统、火力打击系统、全域防护系统、综合保障系统等联结成网络化作战体系，各种作战要素协同发挥作用过程中的复杂化、实时化、联动化要求远远超过人力可承受限度，倒逼筹划决策向智能化方向发展。计算机和通信技术的快速进步带来了计算能力、建模仿真水平等的突飞猛进发展并加速进入作战领域，数据存储技术、人机接口技术、并行高速交互技术、模拟仿真技术等在筹划决策各环节开始有限度代替人力作业，为智能筹划决策提供了必要的能力支撑。钱学森"复杂系统科学理论"引领下的"老三论""新三论"繁荣发展，推动"从定性到定量综合集成"的智能筹划决策形成和发展，"空海一体战""网络中心战""一体化联合防空反导作战"等作战理论的新发展，进一步为智能筹划决策实践提供了丰厚的理论土壤。

2. 筹划决策各环节的成熟实现智能化

信息化作战发展已深刻改变传统单一军种大兵团作战的样貌，代之以多军兵种精干部队共同实施的一体化联合作战，尤其是联合防空反导作战，由多种防空、反导力量在多维空间的极短时间内剧烈展开，作战体系构成开放复杂巨系统。按照系统科学理论观点，开放复杂巨系统具有子系统数量多、类型繁多、层次复杂等特点，各子系统相互间存在复杂的非线性、非确定性关系，向外界开放并不断发生物质、信息和能量交换，采用"从定性到定量综合集成"的方法是研究开放复杂巨系统的有效办法。智能筹划决策辅助系统的构建，首先是建立经验性假设，即由专家群体根据自己掌握的理论、经验和方法，了解实际作战中的问题并对需构建的系统进行探讨研究，提出解决问题的方法途径和经验性假设；其次，按照系统科学思想对假设的系统构架、边界和变量进行界定和区分，利用真实作战数据和专家的知识建立数据模型；再次，调试运行系统模型，得出不同输入情况下的结果输出；最后，专家群体对输出结果进行偏差分析，修正模型，调试参数，渐次逼近真实值，完成模型定型。智能筹划决策的过程，第一，各级筹划决策主体异地联网同步领会上级意图；第二，借助态势认知系统分析判断情报态势数据生成战场态势图、指挥控制系统信息、武器装备作战指令，深入理解任务、进一步分析判断情况、形成并提交决策信息；第三，交由智能筹划决策辅助系统，借助大数据知识库、战法库和专家系统，生成针对各项决策需求的建议方案；第四，通过方案推演评估系统，对多套备选方案进行"预实践"并做出优劣评判，结合指挥员决心调整和优化完善方案，将评估最优的两个备选方案或单一主案呈报指挥员选择，实现定下决心；第五，由自动化辅助作业系统生成作战计划及各类指挥信令，通过一体化指挥平台向不同筹划决策用户发布。

3. 筹划决策各条件的转变提升智能化

筹划决策活动的核心：一是围绕基于大数据的战场态势认知结论展开的作战筹划，形成对敌我力量强弱对比、总体态势优劣判断和战局可能发展走向的宏观总体认识；二是依托智能筹划决策辅助系统综合筹划决策目标、信息的智能化决心方案生成，本质上是融合指挥者的经验智慧、全面精准的决策支持数据、完备高效且可信可用的决策辅助系统三者优势，以"黑箱"方式生成最核心、最根本的指挥员决心方案；三是将经过评估优选的决心方案转化成各级指挥人员、指挥控制系统、信息化武器装备可直接识读使用的计划文书、指令、目标参数等，以高并行同步、多服务面向、低时延误差的智能方式为各类实体提供行动调控支持。着眼筹划决策的核心任务，强化智能支持手段，是实现真正意义上的智能化筹划决策并不断改进提升作战筹划决策水平的必然要求。在全球性新科技革命推动下，军事大数据生态系统逐渐完善并日益走向战争前台，为智能筹划决策提供了应对急剧增加的作战数据所必需的超级计算能力和完美解决方案。实战表明，21世纪初的几场高科技局部战争中，多国部队之所以取得压倒性胜利，与其集中运用数万台计算设备协同高效制定作战计划并对其进行反复模拟推演是分不开的。人工智能作为建立在大数据基础上的高级智能体，近年来正以其强大的认知模型和超级算法，日益逼近人类感性思维的核心并实现理性计算思维质的飞跃，其不受限制的进化发展将带来深度智慧革命并催生智能化战争。围棋智能"阿尔法狗"经过几个版本进化，已无须人类棋谱仅靠自我对弈学习就能完胜人类棋手，距离真正走上战场只是时间问题。在增强智能体的普遍适应性和反应灵敏性方面，第四章在论述基于大数据的态势情报服务交互时已做分析，在此不作赘述。2017年上半年，日本某人工智能系统撰写的小说，成功入围日本文学奖竞评环节，显示出智能文书生成系统功能已十分接近人类语言风格和阅读习惯的顶级水平。

（三）智能筹划决策目标

1. 实现人脑定性分析、计算系统定量分析与智能辅助系统综合评判良性互动

未来一体化联合作战是知识、信息和火力一体聚合的总体战。作为作战筹划决策能力构成的核心，各级指挥人员的头脑智慧能够在关注有形空间较量的同时兼顾并发挥谋略等无形空间较量的作战潜力，存在不足是受自然因素限制，人脑难以应对数量庞大且高度复杂的作战计算问题；自战争诞生以来作战计算就不可或缺，实战化部署的高性能计算系统使面向战场的定量分析能力不断跃升，但机器系统的数理逻辑运算始终无法跨越替代人类认知思维的鸿沟，使作战计算的作用空间受到限制；智能辅助系统逐步发展完善，特别是人工智能与大数据强强联合，带来数据处理量级的巨大突破，使依靠跨范式兼容和"暴力穷举"计算实现知识和智慧发现成为可能。深度思维（DeepMind）的新一代围棋智能，已能通过自我对弈设计出人类围棋智慧从未设想的未知棋谱。智能筹划决策，就是谋求三者的优势有机结合，借以消除信息化战场各种不可测、不可知和不可控的风险，实现透视"战场迷雾"。

2. 为实现数据优势向决策优势转化并最终获得行动优势提供关键支撑

各军兵种（武器装备）、各战场空间、各种攻防行动一体联动配合的联合作战是基于信息系统的体系作战。联合信息化作战追求的是信息优势向决策优势转化并获得行动优势，最终赢得作战胜利。智能筹划决策辅助手段的出现，补齐了从数据到信息甚至到知识发现这一转化过程最关键的"拼图"：全维覆盖的战场传感器网络实时获取汇集的海量数据解决了数据有无问题，高性能高智能的数据分析推理系统解决了数据转化和有效信息获取问题，深度神经网络计算等高度拟人智能体为大量非直接相关信息建立联系并由此实现知识发现提供了弹性可重构方案，以上能力使作战筹划决策获得了关键智能支撑。借助快速数据处理分析演算生成的即时决心方案，由智能专家系统快速试运行评估，可在有限作战时间内提出切合实际的评价结论和进一步优化的意见建议，高度自动化的作战文书生成系统可快速完成任务规划、力量分配和指令下达等程序性工作，为作战行动尽早展开赢得反应时间，能更好地适应现代化作战。

3. 破解多智能体灵活适应、高效运作和顺畅协作的体制机制障碍

一体化联合作战的各类作战实体通过扁平网络联成整体，联动同步的网状体系结构弱化了上级指挥机构的中心节点地位，同时强化了可联动指挥的下级指挥机构的边缘节点能力，既可实现各种作战力量随遇进出作战体系，又可实现根据战况发展机动灵活接力指挥，大大提高了战场指挥的适应性稳定性。在授权共享数据信息和计算资源的保障下，战略级、战役级、战术级指挥实体甚至单兵均可按需申请获得智能系统资源临时使用权，从而实质上构筑起多级联动的指挥智能体（Agent）。上级指挥智能体既能观照全局总体筹划并给予下级有效指挥控制，下级指挥智能体也能着眼当前作战从全局需要和局部实际出发，实时掌握上级意图同步筹划作战。同时，还可及时反馈上级未掌握的局部动态，平级指挥智能体之间也能通过黑板方式、消息/对话等会话机制，直接进行战场行动协同，还可针对战局发展特别是作战重心转移或友邻指挥机构遭敌毁伤时替补承担指挥职权，甚至从射击有利角度实施系统的兵力调配和火力导控，以利稳定临战指挥，敏锐把握战机。

4. 实现"人在回路"，使传统谋略智慧保持优势、摒弃不足、焕发生机

人类战争谋略是战斗力的重要内容，是无论战争科技发展到何种程度都始终参与并主导作战进程的人为因素，合理继承发扬战法智谋是联合防空反导作战筹划决策的必然要求。随着大数据技术分析处理数据日益高效，人工智能更趋近人类思维，加上指挥自动化系统可"不知疲倦"地处置作战任务，作战筹划决策中的非人力因素正越来越多代替人的作用并克服人力的不足。人类谋略智慧未来是否还有用武之地？能否将筹划决策这样重要的事项完全放心交由机器智能来独立完成？军事界争议较大，但多数研究趋向于否定观点。因为智能系统虽可计算出每一次战场机动的作战效益，但却设计不出"四渡赤水出奇兵"的战法奇迹。同样，即使智能系统能够测算出跨海炮击的实战效益很低，却构思不出"炮击金门""拉蒋拒美"的战略妙招。人工智能技术的进步，使众多的指挥官谋略和专家经验知识，以更加灵活的适应能力和高超的复现能力融入作战筹划决策回路。在克服人脑易受情绪及环境影响产生波动等不足的同时，更能以机器系统和指挥人员可同步识别理解的友好方式参与筹划决策，并在实战中不断推动智能体自身进化。未来抗衡优势之敌的信息化联合作战，综合发挥谋略和技术的作战潜力，是制胜的关键。

5. 借助完备的作战方案模拟验证手段降低高强度对抗下的筹划决策风险

未来，全面战争或大规模军事对抗极难发生，规模和破坏力有限的联合作战将更具战略价值和实战价值。"首战即决战""首战首胜""决战决胜"的极端重要性要求必须消除筹划决策过程中的风险以降低作战失利的可能。智能筹划决策系统依托大量信息和复杂线索联系形成决策方案，大大超出指挥决策人员的认知范畴，许多不易察觉的风险因素极有可能在实战中造成灾难性后果。除非迫不得已，指挥员很难将未经充分验证评估的作战方案直接付诸实践。而沙盘推演、兵棋推演、计算机模拟、实兵演练等手段的日益丰富，配以集成信息化作战要素的仿真算法模型，辅以全天候的专家系统和高速运算平台，能以极快速度和较高可信度，测算智能系统提交的建议方案的可行性及风险，并通过——映射现实军事实力的模型参数调整改进方案，使其最大限度接近指挥员的筹划决策目标，从而提升实战中的可操作性并降低风险。同时，随着战局发展和敌我双方自身情况变化，不断反馈获得的动态数据和敌我目标数据，又能为智能验证评估系统提供最新数据支持，并为各类作战单元行动调控提供参考依据，以求综合战力"合理够用"发挥，引导作战进程和节奏向有利于己的方向发展。

二、联合防空反导作战智能筹划决策

追求实现智能筹划决策，既是由当前及未来联合防空反导作战的任务与挑战决定的，也是新军事变革取得突破、作战理论创新发展、战争形态演变的必然要求。应着重从军事战略全局、高科技融入实战和面向信息化作战转型升级等角度，认识联合防空反导作战智能筹划决策面临的挑战、可行的路径和预期的价值。

（一）联合防空反导作战筹划决策面临多重挑战

（1）从世界联合防空反导作战逐步趋向发展成熟的趋势看，由统一的指挥机构协调和指挥各军兵种防空反导力量在广阔战场空间实施一体化的防护、抗击、反击作战，是其基本方向。在一体集成的侦察预警能力、筹划决策能力、指挥控制能力、作战保障能力体系构建完善之前，由联合指挥机构统一筹划决策，分散部署的各军兵种作战集群指挥机构针对当面之敌实施有重点的作战筹划决策是必经过程。由此决定了集中统一的筹划和联网分散的决策将是其基本模式并在一定时期内稳定存在。

（2）精确作战的广泛运用，意味着"发现即摧毁"，导致核心的指挥决策机构面临严峻的战场生存威胁。2020年初，美军利用无人机在伊朗军队"二号人物"卡西姆·苏莱曼尼出访途中将其精准猎杀，造成了伊军指挥核心重大损失。为避免遭敌精准杀伤，"精前台、强后台、小核心、大外围"将是未来作战指挥机构普遍特点，客观上又限制和决定了作战筹划决策人员要更少、更精干。人员的减少势必带来职能和岗位空缺，只能由自动化、智能化的辅助系统来填补。

（3）现代空袭与防空反导作战更趋突然、短促和剧烈，具有明显的战前筹划时间长、攻防交战节奏快、战况影响范围广等特点。战前筹划决策更具全局性，首战胜败更具决定性，要求作战筹划决策更科学严谨、更精准高效、更慎重合理，务求首战首胜、决战决胜。2018年4月14日，美、英、法联军空袭叙利亚，仅用时约90min便完成110余枚巡航导弹对叙利亚境内10余个目标的精准打击，除10余枚导弹被拦截外联军无任何伤亡。

（4）从近年来中东地区叙利亚、伊拉克等国作战行动看，非传统安全威胁不断加剧，由非国家实体（如ISIS）或准军事组织（如胡塞武装）利用战术弹道导弹对目标国家的机场、前沿军事基地或兵力集结地等发动突袭，已成为联合防空反导作战面临的重要威胁和任务。战术弹道导弹攻击具有高机动变轨、短预警时间和强杀伤破坏等特点，要求防御作战筹划决策务必提前有应对预案、作战发起第一时间迅速反应和决断，以适应作战窗口的短狭性。

（5）2016年下半年，美国国防部前常务副部长罗伯特·沃克提出在各军种推行"多域战"概念，力求打破传统军种和作战域之间的界限，实施跨域火力同步和机动，扩展全维空间作战能力和责任范围，代表了未来联合作战发展的一个新动向。"多域战"背景下的联合防空反导作战，在一体筹划、集中决策基础上，实施跨军兵种系统的兵力火力指挥控制是必然趋势。

（6）在域外大国近年来不断奉行和推动"第三次抵消战略"影响下，"X-37B""X-51"等临近空间高超声速飞行器、导弹等新概念武器密集试射试飞，形成实战化能力的"奇点"日益迫近。目前，俄罗斯空军"匕首"高超声速导弹（最高飞行速度为10Ma）、海军"锆石"新型高超声速巡航导弹（飞行速度为9Ma）正加速服役，其对现有防空反导体系带来巨大挑战。新型空袭兵器看不见、跟不上、防不住的特点，决定了防空反导作战筹划决策必须在攻击速度加快、作战高度拉大和反应窗口期缩短的情况下完成，并高效协同各种可用防御能力共同应对。

（7）亚太地区主要国家加快推动导弹防御系统扩散部署，并竭力推行一体化情报预警和联合指挥控制，以谋求能力整合和多方向进入来应对"反介入和区域拒止"。面对周边国家渐趋拉高、加长和复合化的防空反导体系，针对不同战略方向的当面之敌采取灵活适用、多案组合的一体筹划、联动决策和预案式计划，是有效应对敌准军事同盟集体威慑的重要举措。

（二）联合防空反导作战智能筹划决策构想

1. 联合防空反导作战智能筹划决策应是数据主导型筹划决策

大数据时代，智能筹划决策应依托专用数据处理分析平台，在广泛获取数据、快速处理数据和深刻洞察数据基础上，综合挖掘研判密集的态势和决策数据，智能化形成决心方案和行动建议。这一数据主导型筹划决策，以高性能计算解决联合防空反导作战筹划决策过程中的密集数据资源可控处理和深度发现，能确保指挥员从不断发展变化的战场态势出发灵活高效跟进决策，消除凭主观经验或模糊直觉决策带来的认知不确定性，以及仅凭封闭式数据库和固有推理规则决策所带来的脱离战场实际和无力应对数据拥塞的低效甚至无效决策的风险。

2. 联合防空反导作战智能筹划决策应是全息驱动式决策

在全维战场态势认知基础上，需要对情报侦察系统、指挥控制系统、火力打击系统、综合保障系统等作战指挥功能系统生成的决策支持数据进行高度融合集成，并与历史战例数据、实时动态数据关联匹配，形成对敌我双方作战企图、兵力部署、武器运用和战场环境等的全景式精确描述。这样的筹划决策能综合运用多军种联合防空反导体系中各类专用系统生成的制式各异数据，针对各类筹划决策主体的共性决策需求和个性化决策要求提供全覆盖的多样化决策支持，实现灵活运用各种数据自由选择武器手段打击适用目标的效果，避免筹划决策事项考虑不全或筹划决策适应性不强导致决策失灵。

3. 联合防空反导作战智能筹划决策应是人–机一体融合式筹划决策

在精干筹划决策机构、智能决策支持系统和可视化交互呈现技术良性互动和密切协同下，通过有效释放指挥人员的创造性思维、智能筹划决策系统的高度拟人智能和人机结合系统协作交流能力，能够实现人机一体融合式筹划决策。"人在回路"① 的智能筹划决策，既能有效发挥高性能并行计算技术的快速数据吞吐处理能力，也便于指挥人员摆脱不擅长的抽象计算而专注于全局思考和施加有目的干预，并以友好的界面和通用的人机接口实现两者紧密对接，使其各自劣势得以弥补并将优势充分发挥，解决了低智能水平的辅助系统可靠性、可信性和可用性不足造成的指挥人员不想用、不会用、不敢用问题，破除人机结合决策的瓶颈束缚。

4. 联合防空反导作战智能筹划决策应是慑战并举型筹划决策

美军净评估办公室研究认为"要获得同等作战效力，被动防御能力建设成本是主动进攻能力建设成本的 6 倍"。近年来，美军不断施压盟友分摊防御

---

① 人在回路，human in the loop，指武器操作员在第一次输入指令后，仍有机会进行第二次或不间断的指令更正。

经费的情况启示我们：未来我军面临多个热点方向的防空反导作战压力，必须提前筹谋以机动部署和联网互操作来平衡作战需求和应对能力不足之间的矛盾。周边国家不断推动联合防空反导演习，核心是练作战筹划决策，目的是检验和展示联盟的一体防空反导作战能力，向敌方传递有能力使其空袭无效的信号并慑止其进攻企图。因此，随着我军立体化、多层次、多段式防空反导能力渐趋成形，在时机需要或战事迫近时，巧妙筹划实施防空反导力量和决心展示，演练强化联网互操作能力，检验突发情况下快速部署能力，能收到慑战并举的效果。

5. 联合防空反导作战智能筹划决策应是弹性可重构式筹划决策

着眼万物互联时代的新特点，美军前参联会主席邓普西提出"一体化联合防空反导"超级架构（或称"体系"（system-of-systems）），将各种能力融合成深度联合的部队以抵御敌方任何的空中和导弹进攻。将全部作战资源及相关组件纳入开放式体系架构，是实现联合防空反导的必然，可以此确保全维的态势认知、精准的指挥控制并最终达成"信火一体"的目标。实施联合防空反导作战筹划决策的过程，在虚拟同步的网上"作战研讨厅"进行，在共享共知基本态势的情况下，随着作战阶段转换、重心转移和进程转进，陆续有不同的决策实体进入或退出研讨厅，但不影响筹划决策的持续进行，并通过骨干网络和枢纽节点建立数据备份及冗余链路，以备指挥链路遭袭受损时可随时建立新的链接，或依托备份数据实施自主指挥决策，从而确保指挥链顽强抗毁和筹划决策连续稳定。

（三）联合防空反导作战智能筹划决策的价值

1. 突破数据处理的人工局限

智能化的核心构成是数据、模型和计算能力，三者均建立在数据处理基础上。没有数量充足、类型多样的数据，就无法提供支撑智能体分析判断的基本依据，没有长期、大量的数据积累，就无法准确解析作战过程建立仿真的智能算法和模型，没有高通量、低时延的数据挖掘计算系统就无法发现真相、快速反应。而基于大数据的智能筹划决策支持系统，提供了关键的数据资源、数学模型和超级计算能力，从根本上摆脱了人工处理的局限，大大提升了筹划决策效能。

2. 拓展决策主体的认知边界

美国陆军战争学院第24届战略会议指出，"亚太地区的特殊地理条件更适于海军、空军的运用而不适于陆军"。① 从对手当前的作战实践和未来走向看，联合空袭作战可能主要采取战术弹道跨大气层攻击、超声速巡航导弹或高超声速常规导弹密集攻击、隐身或低慢小目标低空（超低空）突防，伴以网电空间协同攻击等形式发起。联合防空反导作战决策主体面临发现目标晚、稳定跟踪难、作战协同难等问题，传统筹划决策难以适应。基于人类认知智慧、高性能算法和机器运算系统的智能筹划决策，既有远快于人的判断速度、更全于人的探察深度、宽于人的协作广度，也有超越传统的非智能化或半智能化辅助系统的综合态势认知能力、拟人思维的判断能力和开放系统的扩展能力，有利于更好地担当联合防空反导作战筹划决策支持角色，并随着技术进步部分承担起战场指挥员的职责扮演筹划决策主体的角色。

3. 强化防反作战的主动预判

与主要对手长期海外部署和大量实战相比，我军在长期和平环境下极度缺乏实战经验，由此带来对对手空袭力量运用特点、体系作战战法、新的指挥决策理念和新概念武器运用效果不熟悉、不了解、无对策。基于大数据的智能筹划决策，能够综合对手既往战例数据、空袭作战平台及武器性能参数和作战特点、推进新战法理论实战运用效果，以及敌战区主要指挥官的全面个人信息、网电空间及特种侦察获得的关键情报，可形成对对手的全方位清晰认识，进而通过侦察掌握的敌作战动向预判其企图和后续动作，为预设对手做好准备。美军在"海王星之矛"行动中，准确击毙行踪诡秘的本·拉登，根本靠的是对长达 10 余年的数据跟踪分析和智能化指挥系统配合。

4. 消除复杂预案的实战风险

联合防空反导作战筹划决策面临的最大考验，是如何在总体筹划的基础上，做出符合全局作战目标和局部战场实际的决策，以确保指挥员能正确定下决心和协调一致推动作战进程。伴随联合防空反导作战的决战决胜性质增强，作战筹划决策关乎全局，不容有任何疏漏、偏差或失误。在智能筹划决策系统支持下，可以借助仿真计算、模拟实践、兵棋推演等预实践平台，在平时精准调参和修正模型的基础上，对待选的可用方案进行近似实战的评估检验，并通过有针对性的修正方案渐次逼近理想方案，以最大限度防范发生颠覆性错误。

---

① Mearsheimer,J:The Rise of China and the Decline of the US Army. Army War College,24th Strategy Coffer-ence,April 10. As of Nov. 30,2015:http://mearsheimer. uchincago. edu/pdfs/Future. Transcript. pdf.

5. 缩短急速战场的响应时间

战争是国家间或国家联盟间矛盾运动的最高对抗形式。它不会等你完全准备好之后才发生，作战过程往往表现为出其不意、快打快收，提高战场响应速度是必备条件。现代空袭作战的目标无非是让对手难以发现，或即使被发现也难以应对多方向发起的突然攻击，本质上是凭借武器装备代差打出时间差以赚取优势，因此依靠人力手段或传统僵化程序筹划决策根本无法适应联合防空反导作战的紧迫性。基于大数据的智能化筹划决策，能够扩大研判敌情需获取信息的广度，拓展认知敏感信息的挖掘深度，加快整合多维战场信息的速度，提高引导精确打击信息的精度，确保作战筹划决策察敌在前，预敌在先，备敌在全，制敌在远，以赢得时间差塑造制胜的有利态势。

6. 提升多元力量的联动效能

相较于第二次世界大战时期或 21 世纪初的高科技局部战争，信息化联合作战的一大变化，是力量格局出现重大转变，传统陆、海、空军地位有升有降，新兴的航天、网络、电磁空间作战力量地位日益突出。力量结构的变化带来了力量运用的变化，在防空反导作战中表现为多军兵种精干力量模块化嵌入联合作战体系，以更平等的地位和更机动灵活的方式参与作战进程并可实时进出战场，多元力量联动至关重要。2016 年以来，美军力推的"多域战"概念，就是基于多元力量不分区域围绕同一目标联动运用的整体战思想。智能作战筹划决策将各种力量密集编织成网，任务和目标分配更突出协作，筹谋计划更注重联动，行动效果更强调互为依托，将大大提升全域力量联动效能。

三、支撑联合防空反导作战智能筹划决策的大数据环境

实施智能筹划决策是防空、反导作战向一体化联合发展的必然，实现智能筹划决策是大数据资源、技术与其他决策辅助技术日臻完善走向融合的归宿，基于大数据的联合防空反导作战智能筹划决策是战争进入信息化联合作战阶段的基本样式和鲜明特点。智能作战筹划决策并不等同于人工智能筹划决策。人工智能筹划决策的核心是数据、算法模型和计算，它立足于大数据资源及相关数据技术，通过复杂的数理模型和方法最大限度模拟人脑思维模式和能力，以求摆脱人的干预实现完全自主智能。智能作战筹划决策的核心是指挥员、现实作战需要和智能筹划决策辅助系统，它立足于最大化发挥人脑智慧、大数据智能及其他决策支持手段的综合作战效益，解决人力受自然限制导致的认知难题，更好地辅助战场指挥员运筹、谋划和指导作战，以实现预设的作战目标。

基于大数据的智能作战筹划决策，以大数据条件下的战场态势认知为前提，是大数据基础技术之上的智能化方法运用和手段创新，由大数据作战理论、规范、模型、框架和系统等环境条件构成。

（一）对接智能筹划决策的交互环境

1. 自适应大数据信息网络

大数据环境下的作战数据信息网络，承担着联通智能决策指挥中枢和各作战单元末端的桥梁作用，对网络通信能力提出极高要求。一是云端计算环境既要实时收集、存储来自各传感器终端、Web 移动端和各类联网作战平台反馈的情报数据，还要实时响应智能筹划决策系统和各类作战应用的数据请求，数据信息的交换、传递必须稳定、可靠。二是网火同步、软硬一体的联合攻防作战使核心枢纽和关键链路面临严峻战场生存环境，要求网络通信既能保证常态通信，也能保证极端条件下的链路基本通畅。三是随着信息化武器平台对电力、通信依赖度加强，电磁欺诈、恶意网络入侵已成为电子空袭作战的常态，在网络安全得不到保证的情况下，遭受"情报诱饵""数据迷雾""逻辑炸弹"等袭击将造成巨大破坏。适应大数据通信需要的软件定义网络（Software Defined Net，SDN），基于诸如 Openflow 等技术，能实现网络数据流与控制数据流的逻辑和规则分离，可自适应网络通信状况，自由选择路由进行数据传输。自适应大数据通信网络，既可以保证卫星、有线及无线网络的常态化通信，也可以实现恶劣通信环境下高通量、低带宽、网络阻滞、断续连接甚至无连接情况下的指挥通信。同时，在枢纽网络服务器上建立网络访问控制、数据备份、完整性校验、网络安全"白名单"和预警响应器，能实现联动快速发现、识别并上报网络攻击渗透行为，确保网络通信安全畅通。

2. 人-机-环境交互界面

智能筹划决策的本质是决策辅助机器系统从现实战场获取作战数据，通过加工转换成人类可识读共享的情报信息，并在完成一个筹划决策周期后将指挥员决心转换成机器语言交由作战平台终端识别执行，互动友好、转换顺畅和交互实时的决策信息决定作战行动成败。基于大数据的人-机-环境交互界面，可将指挥者的意志转化为能动行为，协调控制筹划决策支持系统收集处理信息、施加人工干预、辅助指挥员评估优选并批准执行决心方案。嵌入式或平行可视化仿真技术，可通过实时数据获取和仿真实现，与实际作战行动同步并行且智能化预测行动发展趋势，辅助指挥员预计和规避可能存在的决策风险，从而增强行动计划和调控的实时性，有效应对战场情况的瞬息万变。大数据支持下的可视化显示技术，有助于增强人与人之间、人与环境之间、数据与环境之间的图像和数据交互能力，获得面向非结构化数据、非几何抽象数据的知识发现，以形象、直观、友好、丰富的形式展现给各类决策实体，对结构化决策、半结构化和非结构决策发挥关键性支撑作用。

3. 推拉决策数据调控引擎

从广泛的战场获得的数据，既是联合防空反导作战智能筹划活动的"原料"，支持智能筹划决策辅助系统功能运行的各类知识库、数学模型和数据仓库等，又是加工生成决策方案的"配料"，面向各类用户和平台的行动计划数据，还是智能筹划决策系统生产的"产品"，有序推拉和提供数据是智能筹划决策系统需要交互的重点内容。决策数据推拉调控引擎在相应机制、规则和标准下，一是按照"大搜索"的数据需求快速检索和调取对应的数据资源；二是通过融合算法对当前态势数据、实战反馈数据和决策支持数据进行降维、归化并统一显示在图、文、库、表中；三是根据用户权限和使用请求智能化调控响应数据的粒度（详略程度）、密度（全面程度）和质量（准确程度），以满足全体决策用户并发的数据操作需求；四是在质量审核、迭代更新机制等数据库管理工具作用下将经过加工处理过程生成的新质数据存储在对应库表中，确保稳态数据实时更新；五是采用 S/C（服务/客户）、Web 查询、智能定向推送等模式交互共享数据产品。推拉决策数据调控引擎可有效满足基于大数据的智能筹划决策系统的核心数据需求，是驱动数据按需流动的引擎。

4. 虚拟同步作战"网上研讨厅"

召开作战会议，进行战场情报分享，集体筹划关键性作战并制定决策方案，统一认识形成行动计划并向各职能部门分配下达任务，是传统筹划决策模式下的主要活动内容。高度分散又密切关联的联合防空反导作战筹划决策，同样需要具备这样功能的组织形式。建立在钱学森"定性与定量集成（Meta Synthesis）"思想基础上的"大成智慧研讨厅"，为构设所需虚拟同步决策环境提供了理论解决方案。在稳定的网络通信环境和大数据条件下建立虚拟现实环境，分布在不同地域的指挥决策人员按照规定进出"研讨大厅"对应席位，所有联合防空反导作战相关的专家、古人和今人的本领域知识、综合的战场态势图及实时更新的作战数据、各种辅助筹划决策的模型库方法库知识库等、针对各种作战模式的模拟仿真系统，等等，都以数据化、图示化等可识别形式展现在"参会"人员面前。按照筹划决策程序，在上级传达作战意图并明确各级任务后，各级指挥决策人员同步在筹划决策系统终端展开作业，即时调用各类决策资源设计本级行动方案，同时可就相关事宜与上级、平级或下级决策人员进行沟通协商，灵活快速达成对复杂问题的认识统一和决策一致。大数据支持下的虚拟同步作战决策活动，能较好满足定性与定量分析决策相结合的要求，同时极大消除各级指挥决策人员跨域分散及敌可能实施的精确打击带来的安全隐患，实现各级决策人员同步交流并与智能辅助系统密切互动，各种人员、信息、系统和功能要素"无缝"集成。

（二）支撑智能筹划决策的数据环境

1. 居于"三个世界"核心的数据资源

按照"三个世界"理论模型，智能筹划决策系统由"处于主观精神世界的指挥者""处于客观知识世界的大数据资源"和"处于客观物质世界的信息化决策支持系统"构成，集中了各类数据资源、计算资源、存储资源的大数据处于这一逻辑体系的核心，如图 5-1 所示。处于逻辑核心层的大数据分析、预测、评估等技术，对各类传感器数据源、战场监控系统及其他信息源汇集的情报数据和态势信息进行智能化加工处理，为处于逻辑中间层的指挥者及其科技延伸物提供知识，为处于逻辑外层的人员、装备、平台和系统提供指令信息，实现复杂的战场数据信息对人员、装备的"透明化"；逻辑中间层的指挥

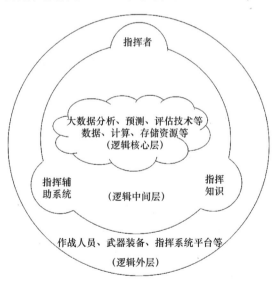

图 5-1 居于"三个世界"核心的数据资源

员及其辅助系统接收到核心层提供的知识，通过主观判断和人-机交互磋商形成决策方案，向外层下达指令；逻辑外层的各作战单元接收核心层传递的数据和中间层下达的指令，展开行动。"三个世界"以大数据提供的"智能动力"为驱动，围绕作战筹划决策活动协调运转。

2. 大数据栅格

大数据是支撑智能筹划决策的基础，有效数据的萃取和共享是实现智能筹划决策的前提。美军认为，过犹不及，"数据并非越多越好"，应将关注点从"数据信息优势"转为"筹划决策优势"。大数据栅格是在"网络的网络"上"生成数据的数据"，通过分布式计算设施促成新的数据信息共享，将联网的分散资源，包括数据、计算、存储、软件、知识等连接起来，为不同战场空间的用户提供应用和服务，其实质是将高性能使能网络、传感器终端、作战指挥系统三者集成，通过网络将数据信息高浓度集成。大数据栅格不同于传统的线状或面状网络结构，能以复杂拓扑网络囊括整个战场乃至全球范围内的作战资源，使作战单元、决策要素、指挥体系更紧密联为一体，实现跨网络、多路由、自主可控、随遇接入，可确保在恰当的时间、地点，以恰当的形式与恰当的人共享数据，并确保去除数据污染、信息垃圾，获得高效时间、有利战机，支持最终达成密切协同、快速反应、全域精确打击目的。

3. 数据化的筹划决策系统内部信息环境

联合防空反导作战指挥的紧迫性，决定了筹划决策过程中人-机-环境之间、决策机构内部各部位之间、上下级之间的信息反馈不能过多占用宝贵的智能计算资源，客观上要求作战筹划决策信息必须实现数据化。数据化的主要内容是将筹划决策过程中的语音、文本、视图、影像等反映上级意图、敌我部署、战场态势的要素转化为方便智能系统调用参考的数据格式。主要涉及三个方面：一是按照数据分类体系，对决策反馈信息和筹划任务信息进行归化，增强系统数据的关联有序度，降低冗余度。二是按照数据规模标准，将决策数据类别、构成元素、表达形式、传输方式、共享规则、显示格式等按指挥人员作业习惯和系统数据体例进行规范。三是按照模型语言和底层库表，对经过筹划决策流程的观点性语言进行数据信息析取，选取对应数据类型"填空式"转化为对应的数据信息交付对象使用，同时按预设的格式分门别类存入数据库，形成作战筹划决策知识体系，以便智能计算系统进行数据推送和拉取。

4. 大数据技术基础上的智能计算机系统

大数据被称为"科学研究的第四范式"，其可视化分析可直观展示结论

"让数据自己说话"，其深度挖掘算法可深入数据内部挖掘价值并提供高效和快速的数据处理，其预测性分析可沿着数据关联线索推理各种可能并避免认知偏见，其语义搜索引擎可直接从不规则数据中智能解析提取敏感信息而消除数据采样偏见，其数据仓库技术可以按多角度、多维度模式整合存储数据，保障智能化应用的数据抽取、转换和加载，并提供主题数据的查询、检索服务，代表了对传统数据系统局限性的全面超越。建立在大数据技术基础上的智能计算机系统将把原有的计算、存储、输入输出、指令执行功能，扩展为数据思维、推理和知识处理功能，进行类似人类左脑的逻辑思维活动，并且随着材料科学的发展获得模拟人脑神经元系统的抽象、感性、灵感"思维"能力，进行类似人脑右脑的形象思维活动。智能计算机系统能更接近"站在人的视角"处理和认识作战数据，将既有战例数据、规则常识和专家经验等细化为事实、规则并自动存入认知系统，针对特定军事需求构建知识库、控制策略和推理机制，智能化回答指挥员的系统提问，从而为智能筹划决策提供关键的智能计算能力。

（三）服务智能筹划决策的辅助环境

1. 弥补战场决策认知"知识缝隙"的知识库系统

联合防空反导作战指挥员需要依据一定的战场情景实施筹划决策，"情景知识"是关键支撑。传统的战场信息系统工作机制，侧重于对数据信息的量化、序化而弱于知识化，导致实施作战筹划决策所需的情景知识与指挥系统的输出信息之间存在"断层"。而智能筹划决策知识库，主要包含两类知识：一类是体现任务空间特点、规律和属性等的"领域知识"；另一类是与典型使命任务空间密切关联的"情景知识"，能够提供刻画战场原貌的"任务空间知识"。在元知识作用下，根据当前任务背景和态势情形，"任务空间知识"由指挥决策人员结合个性特征形成，可弥补指挥决策人员情景认知与信息系统认知之间的"知识缝隙"，为智能筹划决策提供关键性支撑。

2. 融合复现专家经验智慧的方法库系统

基于大数据的联合防空反导作战，是信息化联合作战进入高级阶段的产物。美国等主要军事大国在相关领域的规划实践、前沿军事科研机构如 DAR-PA 的专项研发，以及高科技企业如谷歌的 Alpha 系列智能系统开发等，都汇集了大量实战或近似实战的方法经验，其以格式化或半格式化、非格式化数据出现，可通过大数据技术融合梳理成辅助智能决策的经验"积分"。而战争复杂性归根结底源于人的谋略复杂性，古今中外的军事专家、敌我双方的主要指挥员，以及有记录的空袭与防空反导作战案例，都是联合防空反导作战智能化筹划决策的关键支撑。构建方法库，主要是以军事运筹学、逻辑学、心理学等学科为基础，将专家形成方法的知识背景以环境描述、将专家的思维分析过程以知识推理、将专家的谋略智慧以知识表示的形式，进行内涵、机理和形式化模拟以实现其复现性、可移植性，既可直接用于具体问题的筹划决策，也可用于特定场景下的专家研讨。人工神经网络、机器学习技术等的发展，将进一步增强其适应性、进化性，甚至在一定条件下代替人实施自主决策。方法库系统包括人机界面、方法库、推理机、解释器、综合数据库等，是辅助联合防空反导指挥员筹划决策的全天候"专家"，未来必将担起越来越重要的作用。

3. 抽象描述和运行决策过程的模型库系统

模型库是以数学语言和计算机程序，对联合防空反导作战筹划决策要素、过程及其他问题进行描述和表征的各种模型模块集合，是智能筹划决策辅助系统的重要组成部分。模型库主要有通用模型库、专用模型库、智能模型库三种类型。通用模型库主要用于解决一般性决策问题，如己方的兵力火力分配和阵地配置等问题，用户可调取系统提供的高级语言、专用语言及问题求解方法对自己所关注的问题建模；专用模型库主要用于解决特定对象问题或专门设计的方案，使用时无须另行创建直接调用即可，如敌方战术弹道导弹的作战运用或特定场景下的空袭发起模式等；智能模型库主要提供元模型、问题识别器和形式化模块，决策者只需输入问题，模型即能自动识别问题特性并进行形式化建模分析，如针对敌空袭征候采取进攻性防空反导作战或是防御性防空反导作战的选择问题等。筹划决策辅助模型系统由模型库、模型库管理系统和模型字典三部分构成，可实现模型存取、运行、建模管理和模型运算等功能，是大数据条件下实现人、计算机、环境互动决策的中枢。

4. 数据化还原实战及演练过程的战例库系统

既往的战例因历史原因或条件所限，很难完全复现当时的情景，更不可能整体照搬照套到现实作战中，但其方法论和实践价值，特别是其反映和暴露出的问题，将是指挥当前与未来作战的有益参考，特别是对筹划决策活动具有学习借鉴价值。任何一次作战都不会是对过往战例的简单复制，对未知问题的探索研究是指挥筹划决策永恒的话题，建立在既有战例认知基础上的对照反思和针对未知问题的预想实践同等重要。具有典型信息化特征的海湾战争、科索沃战争、阿富汗战争、伊拉克战争、利比亚战争等，提供了劣势一方与强敌作战不得不面对的诸多现实问题；反映一体化联合作战特点的区域国家间联合演习、跨军种力量实兵对抗和新兴作战力量实战运用案例等，不仅提供指导未来实战的对策，也能提供作战试验的"试错"机会；对当面之敌和潜在对手的编制体制、武器装备、力量部署、兵力运用，以及战场环境、后装补给、军事盟约和理论文献等的数据化呈现，能够为研究和实战抗击对手提供基础性数据。战例库系统建设，应以精心选择的、尽可能全面的、类型多样化的数据资源为支撑，覆盖作战过程、特点规律、经验启示等基本方面，可提供战例介绍、想定分析、模型构设、过程推演、总结讲评等功能，并能在战例库管理系统、推理机、人-机交互界面的支持下实现复盘重现和迭代升级。

5. 管理运作智能决策数据的数据仓库系统

联合防空反导作战对象多，服务面向复杂，筹划决策数据繁多。着眼大数据辅助智能筹划决策需要构建数据仓库系统，可按既定规则对复杂作战数据集进行分类、分级、分层，代表了更强的分析作业和深度挖掘能力。数据仓库中的联合防空反导作战数据信息，既不同于传统型数据库的堆栈管理，也不是松散的数据堆积，而是在柔性可用自主运作、元（主）数据监控技术、数据块（群）自由关联聚合技术等调控管理工具治理下，建立不同数据块（群）间的关联以强化推理预测效果，根据决策任务需要弹性调控数据密度、粒度和质量以建立数据优势向信息优势转化的通道，对经实战检验和数据萃取获得的稳定数据建立主题数据库以供辅助决策或特定分析时即时调用。数据仓库强调数据与数据、数据与人、数据与需求的多模态关联，各类决策数据彼此交互、相互印证，可根据决策者的关注点进行智能重组和灵活推拉，快速甄别有用信息，为实时高效跟踪及检索战场态势、指挥状态和部队动态提供快速通道。数据仓库是对传统数据库的延伸，有助于改善传统数据库模型简单、语意不丰富的不足，与智能决策系统深度融合高效预处理决策数据，为算法模型计算提供成熟可用的数据产品。

6. 网络文本和日志库系统

信息时代，网络信息已成为舆论传播、情报收集甚至决策参考的重要资源。美国总统特朗普崇尚"Twitter 治国"，不仅是其表达观点立场的重要媒介，也是世界各国观察美国政策走向的窗口。网络上的文本、影像、页面和搜索查询信息等，自带信源标记并被存储在服务器端的文本库、知识库、图片库和热点信息列表中。利用基于 Web 的热词索引和知识挖掘工具，可在智能获取文本、信息和结构等知识的同时，与挖掘结构一起存入网络日志库系统。决策人员可通过人机交互界面进行查询，或通过在线帮助子系统进行提问，便捷快速获得巨量主题相关资源。

7. 维护智能辅助模块更新的推理规则

推理规则是按照一定推理策略从战例库、模型库、方法库、知识库和数据仓库系统中选择知识或数据，通过博弈推演、趋势判断、分布协作等操作对用户提出的情况和需求做出推理，智能化提供对策建议。推理有正推理、反推理、正反向推理等类型，各类模型和知识库可在推理机与既成事实作用下，自身不断"进化"以适应联合防空反导作战的转型发展。多模型驱动系统不仅可以利用已有的数据、算法、模型和知识等进行自主学习和规则推理，也可以在模型间的协同机制、内部管理机制和外部信息反馈机制作用下，基于不断生成和更新的标准数据、模型改进和运行效应反馈等，及时对数据库、知识库进行更新，并对不适用的推理规则进行修改，从而始终保持智能辅助系统各模块的新鲜性、进化性和适应性。

（四）实施智能筹划决策的支持环境

1. "大搜索"支持精准察情

作战筹划的起点是对当前态势和可能影响未来趋势的信息的掌握，它建立在已有的态势认知基础上，是对战场大数据的进一步搜集掌握。随着移动互联网、传感器网、战场骨干网、战术数据链的广泛接入并带来大量作战数据，面向关键词的传统查询方式将无法满足智能筹划决策的需要。"大搜索"概念由北京邮电大学方滨兴教授于2015年首先提出，即面向泛在网络空间内的全体数据和知识库，按照对用户需求的理解和意图的定位给出所咨询问题的解决方案。"大搜索"定位为"大数据2.0"，是适应体系化、智能化的新的数据组织模式和信息服务模式。它面向复杂网络空间以多模态数据块（群）存在的数据集和专题库，可实现对基本态势情报、战场反馈情况、环境数据、趋势预报和作战文书等大数据的智能化融合、挖掘与分析，既可反馈目标数量、坐标等存在性信息，也可查询作战时间、目标区域气象等服务性信息，更能提供部队关系解读、飞航路径规划等推理性知识发现。"大搜索"在支持筹划决策时，一方面通过信息迭代形成知识框架和索引体系管理多模态数据，为决策者提供实时检索获取敌我态势、部队动态、指挥状态的快速通道；另一方面围绕指挥者关键决策意图，基于各类专题库求解，既可提供一般性作战信息，又能深入挖掘数据附加值形成若干综合智慧方案，便于缩短决策时间，抓住战机做出针对性反应。

2. 多智能体 Agent 支持联动决策

智能 Agent 是指具有特定功能并独立运作的智能决策辅助体，其基本功能包括确定目标行为模型、决策推导行为模型、方案评判行为模型等，在 Agent 推理机作用下实现智能决策过程。单个 Agent 的复用性、结构可重构性、对应用系统的开放性等相对稳定，而联合防空反导作战智能筹划决策辅助系统对形成构想、生成方案、优选决断、检验评估和生成计划等多智能体的需要，必然要求多智能体 Agent 联动协作。多智能体 Agent 联动通过模型交流语言（Agent Communication Language，ACL），以需求–响应模式下的黑板消息（单播、广播）或消息/对话（组播、选播）方式进行。多智能体 Agent 的协同通过数据驱动、控制驱动、要求驱动、事件驱动等四种方式实现，面向对象时采取数据驱动，并行性要求不高时采取控制驱动，并行性要求高时用要求驱动，既需面向对象又并行性高时用事件驱动。基于大数据的联合防空反导作战智能筹划决策的高度程序性和并发性，要求多智能体 Agent 间采取控制驱动与事件驱动相结合的方式进行协同。也就是说，决策 Agent 与其他 Agent 间采取控制驱动，除决策 Agent 外的其他 Agent 采取事件驱动的方式。多智能体 Agent 支持下的联动决策，是适应联合防空反导作战防御目标多、指挥实体分散、数据响应快等情况，实现多域联动、实时响应、智慧多能决策目标的根本保证。

3. 方案评估系统支持优选决断

方案评估优选系统，是指按照一定的方法、工具和标准，对已形成的备选方案进行对比评价挑选最可行方案的支持系统。在关联因素高度复杂、利弊差异难以觉察、效益优劣影响重大的联合防空反导作战筹划决策中，通过科学启发决策思维、优选可用方案、增强决策针对性、提高方案科学性、降低决策风险、保证决策质量。常用的方法包括直觉分析法、量化评价法、建模仿真法、对抗研讨法等的一种或几种，通过对决策问题进行直观展示、准确度量、对比校验等以综合比较其效益，淘汰不合理方案，揭示拟选方案的不足及改进建议，最终选出效益较高、代价较小、最具可行性的方案。美军通常采取作战推演的方法，即为每个建议方案建立同步矩阵、决策支持矩阵与模型，进行方案建模和拟选方案修订。我军根据作战需要，常用标度度量法建立优选模型，涉及解决多输入、多输出方案评估的数据包络分析方法（Data Envelopment Analysis，DEA），面向多决策主体层次分析的多人层次分析法（Group Analytic Hierarchy Process，GAHP），以及基于多模数据融合算法的大数据优选预处理法等。方案评估系统，克服了传统的靠指挥员直觉判断和经验决断的笼统性、不确定性和风险性，仅需将备选方案交由评估系统"智能大脑"鉴别分析，按风险等级、效益优劣等排序并呈交指挥员选择，可大大提升筹划决策的科学化水平。

4. 推演仿真系统支持选案"预实践"

如前所述，联合防空反导作战的高风险性、高战略性和决战决胜性，要求计划方案必须成熟完善、可行可控并依之能胜。进行作战实验或仿真推演，是运用科学的实验原理、方法和技术，在可测可控的条件下实践认识作战及其规律，并检讨完善预想情况不足的根本途径。常用的作战实验方法有图上推演、沙盘作业、计算机模拟、兵棋推演和指挥员及其指挥机关带部分实兵演练等方式，其特点和应用范围各有侧重。随着大数据时代到来和数据化作战提速，依靠计算机仿真将拟定方案预设的作战条件在虚拟平台上以数字化方式呈现，并对敌我对抗过程进行模拟，自动化生成作战结果及结论建议，是进行拟选方案"预实践"的发展方向。基于大数据的智能筹划决策推演仿真系统，以计算机软硬件为平台环境，以实践中的大量真实数据为支撑，以高度量化的仿真模型为架构，通过植入现实作战环境中的影响因子并人工调参控制，进行分步骤、分区域运算以对整体效果和各要素效能进行区分论证，最终完成对作战过程和预期成果的分别检验，找出问题弱项并予以优化，从而达到检验决策方案合理性、可行性和完整性的目的。建立在大数据基础上的推演仿真系统，通过对作战方法、指挥方式、兵力火力运用等的"准现实"呈现，可大大提升作战实验的科学性、交融性、逼真性与预测性，达到降低决策不确定性、把握态势发展性、增强战局预测性的目的，满足一体化联合防空反导作战筹划决策的需要。

5. 组织计划系统支持同步作战准备

组织计划系统是基于大数据条件，对形成的决心方案进行具体化并分发各指控系统和作战单元执行，完成智能筹划决策系统成果输出的系统。联合防空反导作战各分域指挥机构部署分散且机动性强，作战单元和武器平台广泛分布于空、海、陆、网、空间，遂行作战行动的突然性、并发性强，要求组织计划系统必须简化流程快速响应，以保证各类行动协调同步效果更具整体性。构建基于大数据的组织计划系统，首先，在纵向上建立自上而下的联指中心-前沿指挥机构-力量指控模块-武器平台的体系架构，以实现上情下达与上级对下级情况的及时掌握，在横向上建立各联合作战力量间的协同网络，以实现分域信息的共享和协同事项的互达；其次，以共享战场态势图、作战流程图等为基础，建立"金字塔"形的组织计划通报系统，上级计划安排工作的时间进程、任务清单下级同步可见并能对口受领任务；最后，以平时任务训练方案、面向对象的计划预案、实战中的组织计划案例等为基础，建立自适应的任务需求清单、组织计划流程和协同动作手则，可在高强度作战对抗行动中保证用户遵循上级决策"傻瓜式"确定自身任务和行动程序。组织计划系统可按照下达预先号令、推送完整命令、补充机动指令的程序，组织下级同步理解上级意图、计划展开工作、实时受控协同，实现加快作战准备流程、随时响应协同调控、透明掌握下情的目标。

（五）保障智能筹划决策的体制机制环境

1. 确立基于大数据的筹划决策思维观

作战筹划决策对抗的本质，是筹划决策思维方式的对抗，作为筹划决策核心的指挥员及其指挥机关，必须确立适应信息化战场的筹划决策思维方式。要改变传统决策逆向思维的模式束缚，强化运用正向思维的决策意识。应将大数据思维、"谋篇布局"的体系思维、"校之以计"的精确思维、"灵光闪现"的直觉思维、"扬优抑劣"的非对称思维融合运用，既发挥大数据思维驾驭复杂局面、用事实数据说话的优势，又发挥各种非数据思维超越具体细节，在思维跳变中建立超越事物之上的联系的优势，同时还要规避一味强调大数据思维的"拜物"理性而弱化筹划决策中的谋略竞合，以及经验、抽象、直觉、灵感思维等方式"罔顾"事实，大而化之造成偏离信息化作战主流的笼统效应。基于大数据的智能筹划决策，是科学思维与艺术思维的最佳"结合体"。

2. 树立大数据方法论

大数据方法论的核心观点是在数据中建立关联关系，通过这种关系对未来做出预测。这种客观存在的关联的可靠性要比经验和主观推测具有更高的正确性。大数据方法论的基础，一是全数据处理的实现，使"样本即全体"的数据处理模式成为可能，通过分析全面数据、完整数据、系统数据，可以不依赖"取样"而实现对所有可能因素的全覆盖；二是数据实证基础上的推理预测的实现，使决策者在面对繁多复杂的决策线索时从凭经验找寻各种因果关系背后的规律的决策方式，转变为凭借全维数据之间的关联关系寻求答案的决策方式，从而更好应对因素多样性、关系复杂性、时间紧迫性和高度战略性的联合防空反导作战筹划决策局面。

3. 沿大数据流程打破军兵种界限的模块化力量构成

实现智能筹划决策的根本是多智能体协作，作战单元模块化可提供独立行为能力和可迁移重组能力。美军"模块化部队"的设想是，师以上司令机关不设建制部队，主要战役司令部通过常设的参谋席位调动和使用职能部队，主要战术司令部须具备遂行联合地面部队的指挥控制职能，通过部队模块化实现作战要素网络集成。军种部队间通过 C^4ISR 链接成扁平网络，军种内部或兵种间根据能量聚合原理构成任务和功能"小型、多能、联合"的模块化实体，军种之上形成跨越实体等级的一体化网络环境，从而构建起按部队功能或任务分类的力量体系。基于大数据流程的智能筹划决策，应是决策信息全域汇集、各级实体分级共享、整体筹划全维联动式决策，其对应的部队结构应是军兵种间互联互通、军种内部模块可重组、跨军种任务功能一体的模式，预期的效应是军种联合的扁平化筹划决策、兵种融合的模块化筹划决策、超越军兵种的一体化筹划决策。

4. 推动计算范式转型与指挥组织结构创新并轨

按照"十五年信息周期律"，当前迅猛发展的物联网、云计算、大数据及人工智能及其综合体，标志着新一轮计算范式的转型，其已具备变革组织形态的逻辑力量。[①] 伴随信息社会到来，通过改变信息、人、组织之间交互的方式和程度，推动从技术到战术、装备到编制、武器到人事等的组织创新和体制创新，可实现部队联合机制、指挥系统智能化、新旧体制机制间"改变规则但不破坏组织"的平缓转型。在大数据技术创新与联合作战指挥体制革新的"双轮驱动"下，通过对机械化、半机械化指挥平台实施信息技术"嵌入"满足信息化作战需要，将属于不同军兵种、不同战场空间、不同指挥层级的联合防空反导作战系统和武器平台联为一体，发挥数据内在的增效、赋值功能，依托"使能网络"特有的联通、赋能属性，把各职能性作战力量"渗透""嵌入"一体化大网，将增强体系作战整体威力。

5. 加快智能筹划决策实体的小型化、分布化

正如核武器必须实现小型化才具有实战价值一样，加快智能筹划决策实体的小型化、分布化是更好适应联合防空反导作战的必然要求。联合防空反导作战由多军种共同实施，空、海、陆军及网电空间作战部队行动方式和力量载体差异显著，单靠统一、固定、在线的智能筹划决策中心应对所有智能任务是不

---

① IBM 公司前 CEO 路易斯·郭士纳 2010 年提出，"信息技术每隔 10~15 年会发生重大变革"。

现实的。普遍接近或达到亚声速、声速或超声速的作战飞机带来智能体工作连续性的问题，自动寻的和精确制导武器攻击要求智能终端必须小型可自持，海上编队机动作战需要统一的态势认知基础上的联合任务规划，陆上模块化部队实施伴随野战防空或联合对空防御作战更强调动中接力和功能嵌入，网电空间作战更注重后台支持和隐匿踪迹，等等，决定了实现智能实体小型化、分布化成为必然。推进小型化、分布化，应按照统一的标准和协议，根据作战规模量级、载体运行方式、同一战场内的实体协同方式等，划分为战役（战区）级、战术级、单兵级、模块级，或对空型、对海型、有线型、无线型，也可划分为网络中心型、"蜂群型"、接力型等，以适应不同任务场景的需要。

四、基于大数据的联合防空反导作战智能筹划决策过程

作战筹划决策是由领会上级意图、分析研判情况、形成作战构想、制定作战方案、评估备选方案、生成行动计划等主要环节构成的运筹谋划过程。联合防空反导作战筹划决策是一个动态连续过程，反映了其外在整体性、一致性和周期性，同时它又由一连串带有明显节点性质的活动阶段构成，体现了其内在功能性、差异性和继承性。实施连续不间断的筹划决策，可确保联合防空反导作战持续、稳定而不会出现拥塞、停滞，同时合理调控进程节奏，着眼实战灵活组织，又能保证作战指挥科学、严密而不致混乱、失控。结合美军等主要国家军队相关研究及做法，本书将联合防空反导作战智能筹划决策划分为总体筹划构想、智能决策方案、自动计划行动三个阶段，并融合相关筹划决策活动、大数据环境、联合防空反导作战等要素形成理论推导框架，对基于大数据的联合防空反导作战智能筹划决策过程予以实现。

（一）精心筹划作战构想

我军新版联合作战纲要认为"联合作战筹划是指挥员及其指挥机关根据战略意图，以及敌情、我情和战场环境等，进行的宏观谋划和整体设计"，强调依据战场实况进行整体设计。美军作战条令认为，"筹划是作战行动的关键环节，通过作战筹划设计，能够为合理确定部队作战方案，周密组织各项工作，最终实现预期状态奠定基础"，强调通过作战设计实现战场初态向预想的终态转化。联合防空反导作战筹划是对作战全局的概略谋划和设计，包括对作战目的、方针、力量部署、时间规定和战法运用等问题的创造性思考规划，最终形成作战构想。联合防空反导战场演变、进程发展充满涌现性和不确定性，

利用大数据智能筹划决策支撑环境，可实施初始简略、逐步优化、渐次完善的作战构想筹划。

1. 同步理解任务

理解任务，是指在态势研判基础上会商敌情，并向可能遭受空袭的方向指挥机构下达实施防空反导作战的任务。智能理解任务推导框架如表5-1所列。

表5-1　智能理解任务推导框架

基于大数据的智能筹划支持	同步理解任务					
	确定作战目的			制定作战方针		
	理解任务	指挥员初步决心	大数据分析建议	威胁程度	有利条件	不利条件
联合防空反导作战智能筹划	歼敌	退敌	自保	攻–防	攻	防

（1）态势预警和任务导入。在战场使能网络（NECC）支持下，大数据智能作战筹划系统既与战场态势认知系统相连，又以网络共享的方式确保同网作业的各级指挥决策机构同步读取战场态势图，指控中心值班人员和自动预警报知系统共同值班。随着敌空袭动向日益明显，由地球同步轨道红外成像与光电预警卫星、低轨道浮空监视器、战巡预警机和地基远程预警雷达等组成的远程预警网络最先发现异常，随即触发态势报警系统。联合防空反导指控（分）中心值班人员根据全网发布的通用战场态势图及本防御方向的预警数据和态势简报，迅速研判空袭威胁并接通本级值班首长。联指中心最高指挥员及其指挥机关根据全局情况及实时链接的战略支援信息，初步判断敌空袭行动可能的发起方向，与对应方向指挥机构发起通话，通报敌情并询商研判意见，共同确认该方向面临空袭威胁的可能及其程度，随即下达防空反导作战命令。

（2）分析任务并形成概略描述。受领作战任务的方向指挥员和指挥机关，与联指中心指挥员共同组成临时主导性筹划力量，方向指挥员不断提供最新态势发展情况，联指中心指挥员需提供任务授权和能力支持。这一阶段的重心在担负可能作战任务的方向指挥机构。结合通用战场态势图的研判结论建议，任务方向筹划人员启动本方向所属情报态势力量，综合目标特征大数据分析、敌方可能空袭意图预想、我方应急自动处置方案等数据，根据指挥员逐步明确的决心及其任务指示，同步形成任务理解及对所面临威胁的程度描述，以敌方威胁程度判定、目标可能攻击类型、预计飞临时间、生成不少于两种方案等形式，辅助指挥员进一步领会上级意图，确定本级作战目的。

（3）权衡利弊确定作战目的。确定本级作战目的是对上级所赋予任务的进一步明确，既是理解任务环节的核心，也是指导后续筹划决策行动的总纲。可区分情况确定以下三种作战目的：一是敌情威胁十分紧迫，如空地导弹已发射或敌飞机编队已进犯我防御线，或我防御力量有充分把握，应着眼消除当面敌情确定"歼敌"为目的；二是敌方即将完成作战部署，空袭企图严重，但对方目标不明显或我应对时间尚充裕，应着眼破袭敌空袭环路打消其进犯野心确定"退敌"为目的；三是敌兵力优势明显，先期防御拒敌失效，或我方受保护目标极端重要且防御力量紧缺时，应着眼综合施策减少我预期损失确定"自保"为目的。

（4）定下作战方针和情况需求。作战行动方针是指导后续行动的根本遵循，情况需求是总的方针指导下实现作战目的所需的情报信息。落实理解任务基础上确立的联合防空反导作战"歼敌""退敌""自保"目的，对应的作战方针应为"攻-防结合"作战、"攻势"作战和"防御"作战三种主要类型，其不仅是对作战目的的进一步清晰化，更是指导后续一系列作战筹划、决策及行动的总则。联指中心的其他指挥决策人员和下级指挥员及其指挥机关，应以作战方针为核心，利用情报大数据搜集系统收集并处理用于分析判断情况的数据，重点是能反映敌情威胁程度、我方作战有利条件、战场环境不利条件等方面的各类数据信息。

2. 联合研判情况

联合研判情况，是上、下级各自搜集敌情、我情和战场环境信息，抓取核心线索、标绘更新态势图并做出合乎实际的威胁评估，为研究确定战法提供支持。智能研判情况推导框架如表 5-2 所列。

表 5-2　智能研判情况推导框架

联合研判情况				
	需研判的主要内容			
基于大数据的智能筹划支持	隐身战机+电子战飞机	岸（舰）舰导弹+无人机	隐身战机+干扰吊舱	卫星红外监视+地基远程雷达跟踪	远程轰炸机+隐身战机
	敌空袭的真实情况			
联合防空反导作战智能筹划	空地反辐射攻击	空舰饱和攻击	空空超视距攻击	战术弹道导弹攻击	新概念武器攻击

（1）各中心"大搜索"收集情况。"大搜索"又称为"大数据 2.0"，是

111

面向泛在网络中的物质信息和知识信息，提供符合用户意图的"智慧解答"。根据作战目的和指导方针，各防空反导分中心跨网络对各军兵种部队建立的分级、分类、分层知识库进行知识索引、案例调取与数据推拉等，通过数据、知识和实例之间的关联融合和彼此印证，发现信息，识别目标，推理规划，"代替"人脑计算得出合乎需要的结论。进行联合防空反导作战"大搜索"，一可针对泛在数据按需调控数据密度以保证关键用途的实现；二可在人–机交互中智能感知用户意图，甚至根据对象的历史搜索记录、浏览选择倾向等为其锁定搜索范围，提供符合其偏好的信息类型；三是基于前两点设定搜索方式从而去除数据冗余，并将发现的精准数据进行融合、统计和推理等，在用于筹划的同时赋予新的关系、时空标识以建立知识索引，保证态势同步更新。

（2）同步更新态势判断结论。通过"大搜索"获得的特定战略方向、特定任务用途、特定作战对象的大规模情报，是实施针对性内容分析和敌情判定的根本依据。从当前主要的空袭作战实践看，隐身战机配合电子战飞机的空地反辐射渗透攻击、岸（舰）舰导弹配合无人机的空舰饱和攻击、隐身战机加装电子干扰吊舱远距离发射空空导弹的空空超视距攻击、以地面高速机动和高空变轨相结合的战术弹道导弹攻击、以远程轰炸机配合歼击机远距高空投射高超声速导弹的新概念武器攻击等方式，将是未来我联合防空反导作战应重点筹划应对的问题。各级筹划机构，根据统一的作战对象与特征描述，基于通用战场态势图并利用各自情报力量进行专项研判，利用大数据的交叉复现特性，可多角度印证识别目标，进而校正初始态势中的数据错误、目标误识和意图误判，生成不断更新的态势。

（3）联动实施威胁评估。对目标的威胁评估判定，是构思战法的重要参考。国家间的直接军事较量受多重因素影响，绝非出于简单目的，在紧张激烈的防空反导作战中，应首先着眼其军事意图判定威胁。空地反辐射攻击的主要威胁是突破前沿阵地的防空部署，空舰饱和攻击的主要威胁是造成防御能力过载以清除舰载机或舰用导弹系统，空空超视距攻击的主要威胁是空中格斗歼驱敌机，战术弹道导弹攻击的主要威胁是直接攻击对方要害目标、机场、兵营及其他关键性资产，高超声速导弹等新概念武器逐步投入实战但具有突然性强、难以防御和震慑效果大等特点，是慑战并举的重要手段。根据实时战场态势和利用特征判定的敌来袭目标及其可能打击重点，有利于筹划决策机构迅速形成兵力部署、火力运用和防护组织的方法，推动构思战法和设想战局，尽快确定作战构想。

3. 一体构思战法

战法是作战实施的方法，通过虚拟"作战研讨厅"等在线交互系统，各级指挥决策人员"面对面"就当面之敌及其威胁所应采取的基本战法进行预想和设计，它是作战筹划的主要内容，也是作战构想的核心①。智能构思战法推导框架如表5-3所列。

表5-3　智能构思战法推导框架

	一体构思战法			
	不打	小打	中打	大打
基于大数据的智能筹划支持	威慑	压制	制空	以多胜少
联合防空反导作战智能筹划	警告驱离	雷达锁定	设伏围歼	全力出击

（1）对非直接威胁目标运用非军事打击手段。对非直接军事威胁目标进行军事打击，既可能引发不必要的冲突，也有可能过早暴露己方实力和部署。在基本判定目标威胁性质的基础上，运用情报大数据知识库、战法库和装备参数库，可检索敌方来袭目标的编队模式、武器配备及战术特点等显性信息，判定其真实企图，对应调取我方最佳应对举措，为战法确定提供支持。如对敌方飞机贴近我方防空识别区边缘飞行，或在抵近我方领空飞行时按国际惯例应答问询，以及战斗机武器挂架未搭载武器或未故意炫耀武力等情况，可判定敌方主要目的为威慑或试探，对此我方可采取警告驱离手段，如无线电通报驱离，或前方绕飞展示我方战机挂载武器等，慑止敌方进一步进犯，驱逐并监视目标离开。

（2）对进入截击区的非致命目标进行压制捕俘。这样的目标往往以编队进袭，不可能引发严重报复的战略性资产，可能对我方守卫目标或防御力量造成一定杀伤，应果断予以抗击。基于大数据的目标识别系统，综合目标航路特性、红外特征及雷达影像等，可快速计算目标批次、数量、飞临时间、最佳拦截时机等，指挥人员既可根据部队任务指南，提出作战力量使用建议，也可以将目标参数直接发送前沿作战单元自主实施拦截。以无人机群实施侦察袭扰或挂弹"群殴"为例，其作战"低、慢、小、多"特征明显，无需复杂的目标识别或作战计算，可先以激光照射或电子战力量压制捕俘，后以低空近程防空火力对"漏网之鱼"实施直接杀伤。2018年初，俄罗斯驻叙利亚 Khmeimim

---

① 联网分布式"作战研讨厅"，类似内外两圈的作战会议厅，内圈为核心决策层，实时接收战况信息，并可通视外圈各席位的工作情况；外圈按功能分区，各分区按指挥层级组成分级分域决策模块。外圈各级决策人员依托数据交互共享机制、参与特定类型决策权限、一体化指挥平台，异地同步开展筹划决策作业；联指中心最高指挥员带领"核心决策圈"分析研判态势，根据战况可能发展及相应决策程序，以"点名"方式呼点下级决策人员接入研讨厅，就某一问题展开会商并占用相应交互线路，会商结束后下级决策人员自动下线，释放会话资源，系统进入下一个决策周期。

空军基地遭到小型挂弹无人机 13 机编队攻击，其中 6 架被电子战部队诱骗降落，7 架被 Pantsir-S 弹炮系统摧毁。

（3）针对先进空袭武器编队立体突防或新概念武器攻击实施制空围歼。空袭编队立体突防或使用新概念武器如临近空间高超声速导弹灌顶攻击等，其作战着眼于我方核心目标或破袭体系关键节点，预期影响较大，应综合重点防御方向与主要作战力量实施制空围歼。空-地-海立体预警网或天基预警平台反馈大量战场态势数据，借助大数据关联分析技术，可通过敌方航空母舰编队航向及展开部署、轰炸机等大型空中载台起降、战场电磁频谱异常动向或网络空间攻击日志等，综合评估敌方来袭兵器类型、典型作战运用、预谋攻击对象等关键数据线索，依托我方平时演练战法，以夺取绝对制空权为优先，采取立体设伏、信火一体、有效歼灭、留有余量的作战，或对高超声速目标实施干扰设障、伪装欺骗等，最大限度地保护我方防御目标的安全。

（4）对多型号多批次空中梯队进攻或舰艇编队攻陆作战实施全力出击作战。大规模飞机入侵领空或舰艇编队对陆攻击展开，意味着全方位对抗甚至局部战争即将打响，防御方应全面调动本战略方向甚至邻近战区防空反导力量对敌实施全力出击作战。立足全局战略支援情报、深广方向侦察监视数据、媒体网络信息及特种侦察或谍报力量情报，大数据知识挖掘与信息融合技术可依据敌方战争威胁、国内及军队战争动员、大规模作战力量调动开进、战区前沿专项联合空袭演习、高密度抵近侦察、网上舆论造势或心理威慑诱导等信息源，研判敌方预期目标、重点进攻方向、可能发起作战时机、预计动用力量规模等内容，适时发出预警。对迫近的战争危险，应在联指统一指挥下，充分发挥作战潜力调动本方向可用防空反导作战力量，形成以多胜少的局部优势，最大化防御目标安全并歼灭敌有生力量。

4. 充分预想战局

预想战局发展走向，是帮助指挥员充分评估效益和风险，合理构想预期态势，科学决策计划用兵的主要环节。东方军事思想注重立足当前态势，进而分析可能的走向及变数，以此预判可能的终态。西方军事思想也注重研判当前态势，区别在于其先预想最终战局，并以此推动初态向终态转变并消除可能的变数。东、西方传统作战筹划思想各有利弊，大数据条件下应着眼其各自优势的综合运用。智能构想战局推导框架如表 5-4 所列。

（1）敌受阻撤离，战局最优。《孙子兵法》云："不战而屈人之兵，善之善者也。"当代军事理论家也强调"敢战方能止战，能赢方能言和"。吓阻敌方的有效办法是威慑，威慑的前提是对敌方意图的准确认知和对己方实力意志的清楚展示。移动自媒体时代，任何国家都难完全掩盖本国真实情况，斗而不破的地缘政治博弈使各方心知肚明对方的利益诉求，利用大数据手段将特定突发事态与已掌握的确定信息关联分析，能在较大程度上认清敌方行为企图。对此，适时以军事手段展示本国硬实力、软实力和巧实力，向对方传达己方的打赢把握与和平意愿，可最大程度避免误判，达到威慑驱敌的目的。

表 5-4 智能构想战局推导框架

	一体构思战法			
	优	良	中	差
基于大数据的智能筹划支持	对敌威慑奏效	我未占据绝对优势	敌决意进犯	过激行为导致误判
联合防空反导作战智能筹划	敌撤离	小规模交火	大规模冲突	战局失控

（2）小规模交火，战局良好。"不打不成交"，只有真正交过手，才能领教对手的厉害，做到相安无事。联合防空反导作战在极大可能上，将是未来双方的初始交战和决定性作战，只有让敌方的进犯企图从一开始就遭遇挫折，才能达到以战止战的目的。通过大数据分析，可以从多个角度印证确认敌方最大可出动兵力，通过敌我力量对比，当我防御正面的力量并不对敌构成绝对优势时，选定适当的目标进行小规模防反作战，力争以优势力量达成"首战必胜"，以达到与军事谋略配合使用，起到展示实力、震慑敌胆、吓退野心的作用。

（3）相当规模冲突，战局可控。在当今总体和平的环境下，潜在战争风险对国家发展产生深远不利影响。为达到服务国家利益和扰乱对手的目的，军事大国凭借力量优势进行军事冒险的威胁始终存在。联合防空反导作战的目标，就是遏制并挫败对手的军事挑衅，为国家经济社会发展提供安定局面。基于平时作战数据储备和战时大数据分析，主要对手的最大兵力出动规模、极限作战强度、最大可能作战运用及其可获得的军事援助等，都以作战预案形式为各级指挥员所熟知掌握。一旦敌方大举进犯战事难以避免，则我方可依托平时预案快速做出临战修订，进而综合发挥谋略、火力与网电作战效力，对敌方实施决定性打击，确保我方掌握主动，使战局处于可控程度。

（4）全面军事对抗，战局失控。战争是国家间暴力对抗的最高形式，受各种不可控因素影响，敌对双方的一方或两方都可能因采取过激行为引发局势紧张，导致战局失控。上级决策机构借助大数据分析，联系敌方国内舆论及政府态度、战场攻防态势、我方战备情况及后续作战资源潜力等，可准确分析判定冲突是趋于缓解还是紧张加剧等，从而为实时接管战场指挥决策权，有序动员和调动局部或全局力量投入作战，最大可能掌控战局、防止局面进一步恶化做好准备，以果断出击、能战能胜谋求和平前景。

设计决策方案，是在作战筹划过程中情况预想和战局设计的基础上，依托当前战场态势和大数据智能化决策辅助手段，将指挥员意图转化为其所设想的战场终态并辅助其定下作战决心的过程。这一过程大体划分为规划决策任务、拟制备选方案、推演评估方案和优选定下决心4个主要阶段。

1. 规划决策任务

规划决策任务，是指决策要实现的目标，需要解决的问题，以及如何解决问题实现目标的过程。智能规划决策任务推导框架如表5-5所列。

表5-5　智能规划决策任务推导框架

规划决策任务								
主要环节	确定决策目标			规定决策条件			框定决策问题		
	总目标	目标体系	子目标群	时机	手段	方式	任务划分	作战部署	协同要求
基于大数据的智能决策支持	建立初态与终态的联系	研析作战条件系	规划行动路径	战前	量化分析	精确决策	对目标威胁与防空兵力作战效能联系对比	抗击作战合理化运用	作战效果相互利用
				紧前	仿真推演	预实践决策		反击作战精确化运用	保障核心行动
				战中	人机结合	快速优选决策		防护作战最大化运用	协同规则清晰明确
				战损	大数据分析	自主决策			
联合防空反导作战智能决策	实现上级意图	理解作战环境	指导下级行动	时间充裕	作战会议	上级主导	将总目标分解为各部队可执行的任务	抗击作战部署	集中协同
				时间紧迫	网上研讨	上下级联动		反击作战部署	自主协同
				交战中	预案修订	过程同步		防护作战部署	任务式协同
				系统遭袭后	自主研判	目标同步			

（1）确定决策目标。主要采取工程化的方法进行层层分解，将决策目标确定为总目标、目标体系和子目标群三个层级。

总目标即为什么决策。联合防空反导作战决策的总目标，应是贯彻并实现上级指挥员的作战意图。在基于大数据的辅助决策系统支持下，指挥机构围绕上级主要观点，收集和分析指挥员提出想法的现实背景，确立决策初态；设想指挥员意图最终实现所对应的战场形势，确立决策终态；开展创造性思考，设想各种条件、方法和可能，建立决策初态与决策终态的联系，形成决策链。目标体系是由支撑总目标的各种条件构成的体系。对联合防空反导作战而言就是理解影响决策的作战环境，主要利用大数据辅助手段，对决策总目标进行进一步分解，分析研究影响决策的各种作战条件。子目标群是形成决策条件要解决的具体问题。联合防空反导作战决策的子目标群，是能达成上级意图的对下级行动的各类指导，具体体现在基于大数据的实现过程中，就是建立上级意图向下级行动转化的路径。确定决策目标，是将指挥员的抽象意图转化为具体目标并建立决策基础的起点。

（2）规定决策条件。指在什么时机，利用什么手段，采取什么方式决策等。

时间是联合防空反导作战指挥决策的关键影响因素。网络万联时代，任何成规模的军事行动都不可能毫无征兆，在全天候侦察预警网络、融入社会各领域的移动网络、针对特定对手的特种侦察网络渗透下，通过大数据语义分析、知识挖掘和关联推理等，可及早识别战争征候进行决策准备。按照威胁迫近程度，可将决策时机分为时间充裕、时间紧迫、交战进行时和系统遭袭时四种状况。在时间充裕时，应以召开作战会议的形式，在上级主导下，进行以量化分析和作战计算为主的精确决策；在时间紧迫时，可利用网络实时传输系统和大数据可视化技术，通过"大成智慧研讨厅"进行实时交互、同步联动式决策，建立在大量实战数据基础上的数字地图、电子沙盘、情景再现和推演仿真系统，能保证异地分布的决策人员"键盘对键盘"交流，通过对各类方案的预实践，极大的消除决策失真性和不确定性；在紧张的交战过程中，决策问题趋于实时、碎片化，各级决策机构以聚焦当面敌情为主，应在基于标准程序的战前预案基础上做出修订，开展虚拟-现实平行联动决策，通过人机交互输入现实作战参数，可快速生成决策方案；随着战况推进，指挥系统必然遭袭受损，各分域指挥员可依托数字化平台和智能终端，在对本方向作战数据分析的基础上自主研判，基于战前上级确定的目标实施目标同步式自主决策。

（3）框定决策问题。指确定正确的决策问题。对任务划分、作战部署、协同要求等做出明确界定，是正确决策的前提。

联合防空反导作战精髓在"联"，既要重分工，更要重联合。任务划分方面，在平时大量积累的精确敌我静态数据和各种渠道汇集的战场动态数据基础上，通过对敌方目标威胁与我方防空反导兵力作战效能的对比计算和联系分析，可在着眼作战需要的同时兼顾能力可能，将总的作战目标分解为各部队可分别执行的任务。作战部署包括抗击、反击、防护部署，是联合防空反导作部署的主要内容。在直观判断、精确作战计算和效能对比分析基础上，应针对不同作战任务性质和不同力量运用特点，着眼抗击作战的合理化运用进行抗击作战部署，着眼反击作战的精确化运用进行反击作战部署，着眼防护作战的最大化运用进行防护作战部署，确保抗、反、防紧密配合，各类威胁应对有度，各种力量合理够用。协同是联合的关键。对作战协同的要求，应立足各战场作战效果的互相依托互相利用、局部行动围绕保障核心作战、协同规则清晰明确等原则，灵活选取自主式协同、集中式协同、任务式协同等一种或几种协同方式。

2. 拟制备选方案

拟制备选方案是各级指挥人员决策的核心。应着眼方案的科学、适用、灵活要求，紧紧依靠智能决策辅助系统评估敌我相对战力、编配兵力火力、拟定概略方案、制作要图简报，智能化生成多套建议方案供指挥员评估和决断。智能拟制备选方案推导框架如表 5-6 所列。

表 5-6　智能拟制备选方案推导框架

拟制备选方案											
主要环节	评估相对战力		编配兵力火力			拟定概略方案				制作要图简报	
	敌我战力	环境利弊	兵力区分	阵地配置	战法运用	应急性作战	决定性作战	塑造决胜条件作战	保障性作战	作战要图	方案简报
基于大数据的智能决策支持	敌我总体强弱	固强补弱的方法	是否适合任务	阻敌远程火力	抵消敌火力优势	强调快速灵敏	强调充分有力	强调坚决震撼	强调拒止威慑	各级通视共享	要素齐全
	敌弱点与我强点	强点最大化的方法	作战效能高低	尽远距离拒敌	压制敌破袭优势						
	敌强点与我弱点	弱点最小化的方法	合乎用兵规律	攻敌前沿部署	破击敌防御优势					重点详细	过程规范
联合防空反导作战智能决策	势均力敌	各有利弊	军种力量混编	水面力量前置	空海火力配合	歼驱当面之敌	瓦解方向之敌	毁歼纵深之敌	慑退增援之敌	全局作战要图	方案概述
	敌弱我强	敌弊我利	模块部队组合	空中力量前置	空地火力配合						
	敌强我弱	敌利我弊	信火一体配置	网电力量前置	战斗机与电子战飞机配合					局部作战详图	方案重心

118

（1）评估相对战力。指敌、我战斗力对比及战场环境造成的利弊影响，是决定兵力火力运用的重要参考。

评价敌我战力应从敌我总体强弱、敌弱点与我强点、敌强点与我弱点的对比等角度进行。利用敌我特征数据识别知识库、表征敌我作战能力的专题数据库，以及进行武器装备战斗力解算、敌我兵力度量归化的智能模型等，通过"大搜索"形成直观对照表，从而得出敌我战力对比结论，区分势均力敌、敌弱我强、敌强我弱等，供指挥员参考并构成智能决策辅助系统的"决策基调"。战场环境是客观的，其利弊影响是相对的，对决策方案拟制具有能动影响。对战场环境数据和动态气象数据的大数据分析，能为我们提供最大化利用环境强点、规避环境弱点的时机和方法，使环境条件为我方所用，成为决策制胜的能动因素。以气象条件为例，天气晴好，能见度高时，便于我方力量出击，也便于敌方实施空袭，对防空反导作战而言弊大于利；反之，当天气恶劣，能见度低时，对敌我兵力出动均不利，但云层气流等天然遮障更便于我方目标隐藏，因此利大于弊。三国时期周瑜借东风"火烧赤壁"就是利用气象作战的典型案例。

（2）编配兵力火力。主要解决兵力区分、阵地配置、战法运用等问题。

兵力区分是对兵力运用方式的选择，应着眼对完成任务的适用性、部队作战效能发挥、适应现代作战用兵规律等要求，利用大数据兵力演算模型计算处理，得出军种力量混合编配、模块化部队多功能组合、信火一体化配置等建议结论。阵地配置是兵力、火力等按作战要求展开后的配置形式，主要着眼于敌方兵力火力威胁由远及近的推进过程来构设我方阵地。在通用战场态势图及相应计算基础上，我方可对敌方海上远程火力（如舰对岸巡航导弹）作战线、敌舰载战斗机或远程轰炸机空袭作战线、敌海（岸）基 X 波段雷达或电子干扰机作战线等进行精确计算，并据此规划我方水面力量前置、空中力量前置、网电力量前置等合理化阵地配置法。战法运用是作战的组织方法，应充分发扬我方传统军事谋略，借鉴"空海一体战""空地一体战""网络中心战""多域战"等战法理论构成的"战法库"，确立"抵消敌火力优势""压制敌破袭优势""突破敌防御优势"等指导，设计"空海火力配合""空地火力配合""战斗机与电子战飞机配合""隐身战机突防跟进非隐身战机火力覆盖"等战法，捍卫我方空防安全。

（3）拟定概略方案。未来空防战场形势复杂多变，不可能一开始就设想好所有情况，应着眼作战全程拟制多套方案以增强执行过程中的弹性。

一般作战过程分为接触、碰撞、决胜、脱离四个主要阶段，对应的是应急性作战、关键性作战、塑造决胜条件作战和结束作战，每个阶段都需要有针对性的决策方案作支持。在设计应急性作战方案时，应着眼歼驱当面之敌，强调快速灵敏决策和首战首胜，敢于突破传统决策过程对敌实施坚决有力的抗击。设计关键性作战方案时，应着眼瓦解方向之敌，强调关照全局决策和充分有力打击，坚持敢打必胜和一锤定音，以截斩敌方进攻锐势，引导战局向对我方有利方向发展。在设计塑造决胜条件作战方案时，应着眼毁歼纵深之敌，强调慎重大胆决策和决战决胜，发挥对敌破击要害和攻心夺志作用，以毁瘫敌空袭作战体系依托，消除其战争潜力，颠覆其军事冒险计划。在设计结束性作战方案时，应着眼防敌反扑和慑退增援之敌，强调稳健决策和深远威慑拒止，以前推实战化部署迫敌战略后撤，消除敌进攻威胁并强化我战场控制。拟定各阶段决策方案时，既要根据战况反馈调整方案力度，还要应对战局变数调整方案类型，确保决策方案充分适用。

（4）制作要图简报。要图简报是对决策建议方案的形式化表示，用于辅助理解。

作战要图与态势图不同，要图标绘的是常态、相对稳定的作战情况，态势图反映的是动态变化的信息。利用数据可视化技术提供的战场情况精细化展示能力，可将决策方案中的力量配置、防御部署、网络节点、作战方法、行军路线、阵地配置、协同事项等反映联合防空反导作战全局与局部指导的信息简要标绘在数字地图、地形略图或航空照片上等，既使各级通视共享、同步共知，又利于指挥员统揽全局、清晰掌控局部。方案简报是对方案的简要呈现，基于大数据的决策计划系统可自动生成近实时的决策方案概述、方案重心表述等，并可按照指挥员要求生成各类内容专项简报。智能方案生成系统的引入，确保要图简报表述统一、要素齐全、过程规范。

3. 推演评估方案

决策方案推演评估，是指以建立在大量数据和模型基础上的仿真推演系统为主，对方案可行性、预期效益及存在的风险进行评价，辅助指挥员定下决心并修正完善方案。智能推演评估方案推导框架如表 5-7 所列。

（1）组织模拟推演。即通过数据输入输出、模型检验和"人在回路"的效果评判等"预实践"，对方案进行模拟和评判。

联合防空反导作战决策战略性强、节奏快捷、数据富集，以往靠决策人员主观经验和参谋人员分工协作的方法难以适应方案评估的高要求。基于大数据的智能推演评估系统，一方面通过友好的人机交互界面将多样化战场实时数据融合转化为标准信息，另一方面能以标准的数学语言将拟定决策方案转化为评估推演系统可识别的同步矩阵，并基于平时数据积累、专家智慧形式化描述和持续改进的推理机构建支撑模拟推演系统的数据仓库、模型库、案例库、知识库、战法库和网络日志等，将战场信息、决策方案和模拟支持系统统一成机器可识别语言。智能化模拟实现了对战场信息的标准表述、同步矩阵对决策方案的定量描述、决策支持模型对作战过程的定性描述。基于数据驱动的自动推演过程，通过构建战前环境及交战动态，将作战行动计算机语令化表示，逐案循环反复推演，分散联网复盘讲评，实现了方案指标与战场实际对照，程序虚拟贴合实战过程，自主评判结果清晰易懂，如图 5-2 所示。通过系统模拟推演后的复盘讲评，针对方案的效果、内容、形式等，进行效果是否符合预期、部队是否易于执行、过程是否充分完备等角度的评定，使决策质量一目了然。

表 5-7　智能推演评估方案推导框架

推演评估方案										
主要环节	组织模拟推演			评价方案质量				揭示问题风险		
	标准数据、方案同步矩阵、决策支持模型	过程模拟	结果评定	目标合适与否	效益好坏	可行性大小	完备与否	存在的不足	隐含的风险	可能的变化
基于大数据的智能决策支持	标准化表述	指标关联对照	效果	完成任务的可能性	符合作战需要的多角度评价模式	任务完成度	合规范性	形式友好与内容完备与否	人机结合消除认知局限	预有备案
	定量描述	程序虚拟现实	内容			设计逼真度				
						运行顺畅度	合严密性			
	定性描述	结果清晰易懂	形式							
联合防空反导作战智能决策	战场信息	构建战前环境	效果符合预期	与上级要求契合度	受保护对象战损最小	符合所承担任务	是否调整文本	形式上的不足	偏离上级意图	超出预期
	方案同步矩阵	作战行动计算机语令化逐案循环推演	部队易于执行	与目标威胁契合度	毁伤敌目标数最多	符合战场实际	是否调整参数		偏离战场实际	
								内容上的不足		低于预期
	决策支持模型	网上复盘讲评	过程充分完备	与部队能力契合度	投入作战资源最少	符合部队训练	是否调整内容		偏离部队能力	

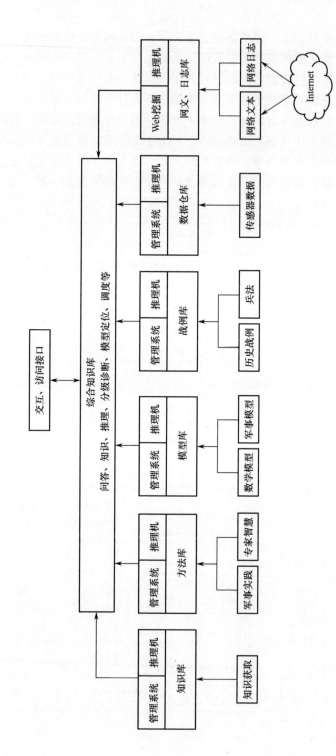

图 5-2 模拟推演支持系统

122

（2）评价方案质量。即根据模拟推演结果，对决策目标是否合适、作战效益好坏、执行可行性大小以及过程设计完备与否等做出评价。

经过模拟推演的结果输出，将以"成果清单"形式，对决策方案所确定的目标对应上级要求的契合度、与抗击目标威胁的契合度、与适应部队作战能力的契合度等进行量化表示，通过横向比较各案得分，帮助决策人员更好把握方案完成任务的可能性。对作战效益好坏的评定，将按考察指标的重要程度对"受保护对象战损最小""毁伤敌目标数最多""投入作战资源最少"等指标予以评判，提供不同的视角考察方案的效益。对方案可行性大小的评价，以仿真结果是否符合部队所承担任务、是否符合战场实际、是否符合部队所受训练等为标准，评价方案的任务完成度、设计逼真度和运行顺畅度。对方案完备与否的评价，则侧重方案的形式化表述，对是否需要调整文本、参数或内容等做出评定，从作战文书的合规范性、严谨性等角度进行评价，以利决策人员做出更接近"完美"的抉择。

（3）揭示问题风险。主要是找出方案不足、潜在的作战风险和可能出现的意外。

存在的不足反映方案形式化方面的缺陷，主要是从形式上的不足、内容上的不足来判定方案是否用户友好、内容完备，便于指挥人员理解执行。隐含的风险代表方案执行过程中可能对作战胜负带来的影响，其重点考察方案偏离上级意图的程度、偏离战场实际的程度、偏离部队能力的程度，通过人机结合的系统模拟仿真，可从各种因素复杂的关联关系中，查找不易为人所察觉的设计失误和计划偏差，从而避免在行动过程中出现重大偏差。对可能的变化考察，着重从方案预期作战成果水平的角度来判定可能出现超出预期或低于预期的局面，并以备用方案的形式，对各种可能出现的变化做出预防性准备，以确保作战按预想方向发展。

4. 优选定下决心

优选定下决心围绕实现指挥员的决心展开，主要通过定性分析方式对多个方案进行优劣对比，指明修订完善建议，帮助指挥员做出最后决断。智能优选定下决心推导框架如表5-8所列。

（1）多案优劣对比。通过对多个方案横向上进行优缺点对比、合目的性与可操作性对比、成功率对比等，判断方案优劣。

不同的方案从不同角度看各有其优缺点，考察评价多个方案应从多角度进行对比，如从方案整体性强弱、适应性好坏、简洁易懂与否等角度，可基本判断哪一个方案更具完整性、适用性和适于部队组织实施。对合目的性与可操作性的比较，可得出哪个方案更合乎预期，且实现难度小、更易于执行，从而保证面对不同的指挥决策人员均可被正确、一致理解并执行。对成功率的对比，可以从成功率高低和风险度大小两个方面，判断选用哪个方案能以更高的可靠性达成联合防空反导作战的高战略性。优劣对比的结果，将成为指挥员定下决心的依据。

表 5-8　智能优选定下决心推导框架

优选定下决心									
主要环节	多案优劣对比			修订完善建议			指挥员做出决断		
	优缺点对比	合目的性与可操作性对比	成功率对比	目标修正	内容修改	过程修订	听取简报	选择方案	绘制决心图
基于大数据的智能决策支持	多角度综合对比	保持开放自适应	以高可靠性实现高战略性	确保效果合理够用	稳健可控 相互继承	灵活适应战况变化	透彻理解方案	权衡利弊慎重决策	形成统一清晰精准计划图景
联合防空反导作战智能决策	整体性强弱 适应性好坏 是否简洁易懂	合乎预期 便于操作	成功率高 风险度低	调低偏高目标 调高偏低目标	内容清晰 表述准确 逻辑严密	调整参战时序 调理交战次序 调节退出顺序	下级报告上级 联网同步交流 听取专项汇报	挑选最合上级意图方案 挑选预期效益最佳方案 挑选风险最小方案	前指指挥员决心图 基指指挥员决心图 联指首长决心图

（2）修订完善建议。通过基于大数据的推演评估系统，既能分析判断方案的优长与不足，也可通过实验数据解读将需要解决的问题代码转换成供人类识读的建议指令，推动方案修改完善。

对决策方案的修订完善主要包括目标修正、内容修改、过程修订等内容。目标修正，主要将预期效果偏高的目标调低，或将偏低的目标调高，以确保效果合理够用。决策内容修改，主要是使方案内容更清晰、表述更准确、逻辑更严密，以确保方案稳健可控，各数据项可在整个作战体系中相互继承。过程修订，主要是对各部队参战的时序、各战场交战的次序、各阶段结束退出的顺序等做出调整，以确保方案结合实际、充分适应战场情况变化。

（3）指挥员做出决断。确保"人在回路"是智能战争时代发挥人脑创造性思维规避作战风险的必由之路，指挥员做出决断是智能作战决策的关键步骤。

首先是听取指挥机构参谋人员和下级指挥员的情况简报，可采取下级当面向上级报告、各级联网同步交流、听取参谋人员专项汇报等形式，详述方案内容，答复上级疑问。接下来是选择方案，指挥员和参谋人员可根据先期筹划中确立的战场最终态势，挑选最合乎上级意图的方案，或预期效益最佳的方案，或风险最小的方案，作为最终的行动方案，同时预选备用方案作为必要时的补充。最后是绘制首长决心图，即将相对概略和抽象的决心方案中的前指指战员决心、基指指挥员决心和联指首长决心，以数字化决心图的形式标绘出来并在全网发布，保障各级指挥员形成统一、清晰、精准的作战计划图景。

（三）精细安排行动计划

作战行动计划，以指挥员的视角而言，是对其决心进一步细化的过程和形式，从指挥机构角度讲，是正确理解首长决心并转化为指导部队行动的主要任务。作战行动计划起着上承筹划决策活动指挥员定下决心、下启指挥控制部队行动的作用，既可以按层次样式分为作战总体计划、分支计划、协同计划和保障计划等，也可以按核心内涵分为行动过程规划、指挥控制组织和作战资源调度等，有多种定义和分类方法。安排行动计划，既指对各项具体计划内容的安排，也指对各类计划生成方法的安排，前者强调程序性、规范性，以便部队理解执行，后者强调灵活性、适应性，以便发挥辅助计划手段作用，提高计划质量。在不影响统一、通行的行动计划内容基础上，充分利用基于大数据的智能计划辅助手段提高联合防空反导行动的预测性、适应性和反应性，分战前预测性计划、临战适应性计划、战时反应性计划三种阶段性样式，围绕行动过程、指挥控制、资源调度等核心任务制定计划，既能确保部队准确理解执行，也能较好适应复杂多变的战场环境，实现流程如图 5-3 所示。

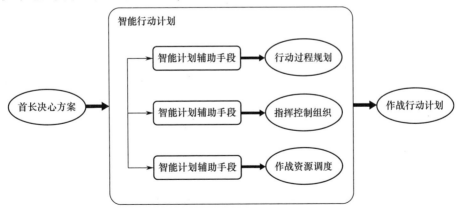

图 5-3　智能作战行动计划实现流程

1. 战前预测性计划

在充分预想战场情况基础上拟制计划预案，是当前美、英等国家军队的主要做法。战前预测性计划，能考虑各种不确定性拟制多套行动方案，形成足够的弹性计划空间保证"来之能战"，对我方有效应对周边复杂空袭威胁有较好借鉴价值。战前预测性计划推导框架如表5-9所列。

表 5-9 战前预测性计划推导框架

战前预测性计划									
依据	基于不确定性计划								
要求	充分估计不确定性，针对性增加冗余以免执行代价过大								
	行动过程规划			指挥控制组织			作战资源调度		
基于大数据的智能计划支持	建立首长决心和行动效果对应量化计算模型	关联构建最终态势与初始态势之间转化的不同可能	计算各阶段行动应达到的标准，确定应对各种变化的弹性	进行各任务部队指挥机构指挥控制能力计算	理想指挥控制模式与失控模式下的职权划分与协同要求	各指挥机构按照指挥控制职权拟制计划及适应性推演	建立作战资源实力数据库，生成实力数据和资源需求计划表	开展预期作战规模与可用资源的匹配度计算	完善资源供求数据链和保障计划表，测算物资前运时间
联合防空反导作战计划生成	根据首长决心确立预期总目标及对应需采取的行动	对预期作战目标逆向逐层分解	下达预先准备号令，平行拟制行动方案	根据实现目标的任务授予总的指挥和控制职权	对完成目标的职权逆向逐层分解	召开任务布置会下达指挥控制命令	确定预期和极限作战条件下的资源保障需求	对预期可用作战资源逆向逐层分解	掌握作战资源底数拟制完成任务的可行资源保障命令

（1）行动过程规划。主要是从逆向规划角度研究作战行动过程的生成方法。

在时间充裕情况下，根据首长决心确立的目标，结合各种变量计算拟制实现目标的行动步骤，是预测性计划的重点。首先，利用大数据建模构设首长决心对应行动效果的量化计算模型，通过设置环境变量、调整函数参数的方法，将敌方不同空袭兵力使用、突防路径规划、空袭目标选择等转换成我方对应防御作战行动。其次，借助大数据的弱相关因素关联技术，构建指挥员预期最终态势与不确定初始态势间的转化路径，以逆向逐层分解方式将预期作战目标细化为各作战力量的具体行动，从而达成正向防空反导作战行动向预期目标聚焦的效果。最后，通过模型计算各阶段行动所应达到的标准，规定各种行动计划应预留的弹性，为各类实体拟制计划划定边界，可确保接到指挥员预先号令后以同等尺度拟制行动计划。

（2）指挥控制组织。是指对执行行动过程的作战指挥控制职权的分配。

理论界主要观点认为，指挥控制的实质是对作战行动职权的分配。定下行动计划后，应立即对担负任务部队的指挥机构，特别是指挥员的能力进行量化评价，评价方法是对其所受教育、训练、演习、实战情况数据的加权计算，以此作为对实现目标任务所对应的总的指挥控制职权分配依据。应对战场不确定性是预测性计划时刻关注的问题，对应指挥控制职权分配，就是明确并授予最有利与最不利指挥控制状态下指挥员所能获得的指挥职权，以及偏离预想时各力量之间的协同要求，从而完成对实现目标的指挥控制职权的逆向逐层分解。最后，利用一体化指挥平台，上、下级指挥机构按职权划分同步拟制指挥控制方案并由推演系统或权威仿真机构进行推演评估，通过适应性验证后，以召开任务布置会等形式正式下达指挥控制命令。

（3）作战资源调度。指按照拟制的预先行动计划分配调拨作战资源。

作战资源，广义指所需的一切作战保障资源、后勤保障资源、装备保障资源等；狭义指除后勤、装备保障资源外的其他资源。作战资源调度计划泛指对各种资源的安排使用。首先，应建立资源数据库，通过为弹药添加射频识别标签，为后勤及装备实体加装数字身份识别终端等方式，在各级保障部门建立向下级兼容的资源实力库，需要时通过行动任务-资源需求转化模型生成资源需求表，并针对行动不确定性空间计算极限作战条件下的资源需求。其次，进行预期行动规模与资源保障匹配度测算，完成不同作战资源保障计划适应行动规模的满意度推演，以达成对拟用资源的逆向逐层分解。最后，紧前完善资源供求数据链和保障计划表，保证供求渠道畅通，依保障规模计算物资前运时间，实现精准掌握资源底数和保障步骤，适时报批下达调度命令。

2. 临战自适应计划

当敌方暴露空袭企图或已发起攻击时，应针对敌情基于预案开展临战适应性计划。其推导框架如表 5-10 所列。

（1）行动过程规划。这一阶段将获得更详细充分的敌情数据，应在大数据手段支持下修订计划以提高其适应性。

计划部门将利用网络虚拟环境与筹划、决策部门同步获取敌情数据，进行跨部门联合研判和上下级同步计划。首先，通过对比预想态势和现实态势，选取总体最佳方案，完成显著差异内容的数据差值计算；计划人员根据敌可能运用空袭兵器、可能空袭时机等，按照指挥员决心做出判断，明确行动重心，调整完善预案。其次，计划人员利用线性空间规划对预案与行动、敌我对应行动、行动与效果进行作战关联，分析方案适应性和可能缺陷，为部队临战演练验证计划提供指导。最后，计划部门利用标准计划软件和简明计划方法，合并计划种类、统一表述标准、删减重复内容、剔除无效语令，生成简明制式的命令文书，向任务部队联网下达预先号令。

表 5-10　临战适应性计划推导框架

临战适应性计划								
依据	基于智能自适应计划							
要求	加强数据准备，规范文书和流程，提高针对性有效性							
	行动过程规划			指挥控制组织			作战资源调度		
基于大数据的智能计划支持	收集敌情威胁和战场情况数据，对比预想态势	建立预想与行动、行动与行动、行动与效果之间的空间关联	以网络为中心，采用简明联动方法规划行动	人-机结合的战场态势大数据监控预警和预案启动机制	指挥者、指挥对象、指挥手段多元多向自关联，动态调整指挥控制重心	调用简明精炼易行的计划模板，指挥控制预案库和协同动作方法库	组织作战任务与资源需求匹配计算，预有弹性计划	关联敌来袭目标与战法运用，自主计算资源需求	评估情况可能变化，激活备用预案，调用应急资源
联合防空反导作战计划生成	按照指挥员决心，研判当前态势，确定行动重心	同步对比筛选，并行修订预案，分头组织适应性推演	利用标准计划软件生成制式简明命令文书，下达预先号令	启动情况触发机制，自适应选取预案	按照指挥、控制、协同要求并行开展临战准备	简洁指挥流程，跟踪战场情况变化调整指挥控制关系	区分作战资源保障重点，组织全系统调配	预计阶段性作战效果，动态调配作战资源	预测战局发展，就近调配作战资源

（2）指挥控制组织。临战指挥控制计划活动是对一系列实战化的规划、调度和指挥的准备。

指挥控制计划要以确保各部队有序加入作战行动为标准。为提高指挥控制方案的适应性，首先要在人-机结合战场态势大数据监控手段支持下，基于异常监测触发机制，适时启动计划预案，尽快对不完善的敌情威胁进行分析并自动选取预案；其次，各级指挥控制机构通过指挥渠道联通所属力量，在一体化网络平台上动态自相关调整并明确各自指挥重心，确保决心方案明确的指挥、控制、协同要求得到落实，同步展开临战计划准备；最后，针对拟用计划方案，调用简明易行的计划模板、指挥控制预案库、协同动作方法库和选定方案

128

决策矩阵，生成纵向透视、横向联动、图文表并茂的命令方案，并跟踪态势变化实时添加调整指令。

（3）作战资源调度。调配作战资源是保障作战行动有效实施的基础。

作战资源保障应兼顾需求与能力、计划与变化，分阶段准备、弹性稳妥实施。前期，在对任务与资源需求匹配计算的同时，保留适当弹性，形成计划数据；按照部队任务性质，区分保障重点配置作战资源，组织全系统调配，最大化地满足各项行动需求。中期，基于敌情预警和目标识别分析，关联敌来袭目标、可能战法及弹药基数量完成作战需求计算，形成详细资源需求清单；计划部门根据指挥员明确的阶段作战要达到的效果，动态对预先方案做局部调整。后期，敌空袭迫近，主动关注战场动态和前沿指挥人员的需求变化，根据战况发展超出预期情况的程度，适时启动备用方案，自动生成应急计划，向资源保障部门下达保障命令，就近就便实施资源调配。

3. 战时反应性计划

联合防空反导作战因为多种力量组合运用、抗反防行动关联和多维多域作战效果耦合而具有高复杂性，为保证作战过程的鲁棒性[①]，战时需采取反应性计划。其推导框架如表 5-11 所列。

表 5-11　战时反应性计划推导框架

战时反应性计划									
依据	基于作战效果计划								
要求	实时监控反馈战况发展和战场变数，根据敌情态势滚动计划								
	行动过程规划			指挥控制组织			作战资源调度		
基于大数据的智能计划支持	接入战场监视网络实时评估比较行动进展	将评估结论反馈筹划决策链补充研判态势	按照指挥员决心调整修正目标计划	利用可视化手段监控下级执行决心计划情况	计算指挥控制偏差下达纠偏指示或调整指挥权限	跟踪指挥控制执行预测结束行动节点应达到的状态	观测敌我目标毁伤效果和作战资源保障能力	解算任务调整对应的资源保障供需对比	规划作战资源保障顶点及动态推进任务
联合防空反导作战计划生成	当前态势与预期行动目标的吻合程度	判断趋势走向和需要调整的行动计划	确定可实现目标的程度和完成行动计划的进度命令	分析指挥控制效能和指挥机构受损的情况	明确指挥控制后续行动的要求和需要做出的调整	指挥控制结束作战和收回指挥职权命令	评估敌我战损及后续作战资源自持力	预测敌作战潜力及我作战资源需求，机动调配资源	根据作战结束命令调配预置作战资源

[①]　鲁棒性，Robust 的音译，指健壮和强壮，用以表征控制系统对特性或参数扰动的不敏感性。

（1）行动过程规划。作战行动过程规划为实现目标服务，战场态势的演变必然带来目标的变动和行动的调整。

战时行动规划既不能忽略实际机械化执行，也不能错判情况无原则盲动，应该紧贴实际灵活安排。在战场网络、数据链和可视化平台支持下，计划部门接入战场监视系统，能实时获取全局态势并查询重点部位情况，同步评估实际效果与计划进展吻合程度，计算偏差指数并提出纠偏建议。行动效果评估结论可以以补充计划或校订说明形式，反馈进入筹划、决策、计划链，与实时态势信息一起作为新的筹划决策循环过程初态，智能化生成趋势走向判断和计划调整内容。指挥员根据新修订的决心，确定对目标的调整和可实现的程度，交由计划部门制定调控计划，迅速向部队下达行动命令。

（2）指挥控制组织。拟制战时指挥控制计划的重点是调控行动偏差、加强协同和调整分配指挥职权。

联合防空反导作战的最大威胁是敌"打点瘫体"式体系破击战。基于大数据的指挥控制体系依托自主路由的"使能网络"，提供从网络核心到边缘节点的智能支持，在指挥控制体系受损或信息不完备情况下仍可认知战场态势快速做出反应。通过可视化系统和体系状态监控终端，指挥控制计划部门可实时了解下级行动情况，在线研判系统消耗状况，监视各级指挥控制效能发挥和机构受损情况。当下级指挥控制或友邻协同动作明显偏离预期时，可实时发出系统提示或对讲通话，对后续指控活动和调控指示予以明确。立足实时监控，各级计划部门按职权跟踪部队行动，监视系统运行，预测行动节点状态，为指挥控制结束作战行动、调整或收回指挥职权、解除协同任务等提供基于效果的统筹指导。

（3）作战资源调度。资源调度是打破"平均分配"，保障关键决心和总体目标实现的基础。

联合防空反导作战谋求"合理够用"效果的一个重要原因是作战保障困难，资源消耗预期严重制约行动的可持续。基于网络监控的作战资源调度计划，应首先对敌我目标毁伤程度、作战资源保障能力进行观测，以评估敌我战损及后续作战资源潜力；随后，根据指挥员对决心目标的调整，解算资源保障需求，估算敌方潜在保障能力，为预测敌方作战潜力与我方后续作战消耗提供依据，实时下达机动调配资源计划；最终，按照指挥员预期的作战顶点和结束行动线，计划部门适时规划作战资源保障顶点，细化拟制达成终态的保障内容，并根据结束作战命令汇总资源消耗、库存数据，为保障下一阶段行动进行预先计划。

五、基于大数据的联合防空反导作战筹划决策实践应把握的问题

（一）着眼数据驱动，提高智能筹划决策的适用性

1. 规范数据标准驱动资源共享，形成内聚合力

在超出人类生理极限的战场空间，数据是指挥员研判情况指挥作战的根本依托，作战数据是联合防空反导作战指挥关注的首要问题。标准不一致、格式不互通、"烟囱高耸林立"的数据体系，严重阻碍数据资源共享，不仅导致战场态势认识陷于茫然，更造成按数据决策和指挥行动的攻防作战难以施展。规范数据标准，一是从作战所需出发，围绕战场态势数据、指挥作业数据、行动支持数据等指挥数据需求，提出含有量度、时间、规模等实用价值的数据元素，增强数据体系的结构规范性和覆盖完整性；二是按照作战通用标准，区分位置型、时刻型、速度型等符合指挥所需的数据项类型，统一名称、类型、格式、编码等属性标准；三是构建关联体系，运用各类数据库关联离散存储的数据知识，合并属性相同数据，封装基础数据，增强数据属性的一致性和适用性，便于人员理解和系统识读。规范的数据标准支持数据通用共享，能增强数据体系的内聚力。

2. 加快数据流通驱动系统运转，形成外联动力

联合防空反导作战是数据流驱动信息流释放能量流的体系联动作战，有了数据而不流通、不能流通或低效率流通，不仅浪费作战资源，更造成战场权利弃失甚至贻误制胜良机。构建顺畅数据流通体系，首先是按照数据流程调整优化指挥架构，使机构编设更加精干、联合、互补、顺畅，提供数据流通的体制机制环境；其次是重视软硬一体攻防作战，以降低敌方获取数据、传递信息、支持决策的数据能力为着眼同步实施硬摧毁与软杀伤，同时采取隐藏伪装、冗余备份、多路抗毁等措施保护己方数据系统免于毁伤；最后是提高数据加工能力加速指挥体系运转，做到发掘高价值数据、提取重要数据、推算决策数据、加快决策过程、优化方案质量，利用加工规范、顺畅流通、即拿即用的数据驱动各作战体系协调运转增强外联合力。

3. 提高数据质量驱动效能倍增，形成耦合战力

联合防空反导作战效能的获得，既取决于高效的运转指挥体系，也取决于高质量的数据保障体系，劣质数据在高效的体系中流转只会对实战造成更大危

害。要提高数据质量，一是确保数据的可用性，通过不间断的平时数据收集提取规律特征信息，通过实时的战场数据收集目标证据，通过新旧数据关联判断局势走向，使各种数据均能为现实作战服务；二是增强数据的保鲜性，设法提高己方数据质量并减少决策时间，同时降低敌方数据质量并增加其决策时间，来获得决策优势。根据决策优势算法 $DS_r = (C_r \times R_r) t_{Db} / (C_b \times R_b) t_{Dr}$，用己方（red，r）优质数据质量 $C_r \times R_r$ 与敌方（blue，b）较大决策时间 t_{Db} 的乘积去除敌方劣质数据质量 $C_b \times R_b$ 与己方较小决策时间 t_{Dr} 的乘积，可获得己方决策优势 DS_r。

（二）突出人机融合，提高智能筹划决策的科学性

1. 确保"人在回路"适时干预，使实践更加贴合作战实际

否定或淡化人在作战决策中的主观能动作用是战争观上的虚无主义，既忽视了军事斗争是人类社会矛盾的高级表现形式这一本质，也极易造成机器智能和武器系统"违背伦理滥杀无辜"，电影作品中的失控机器人带来灾难，作战实验室中的阿尔法机器智能正在窥探人类精神世界，防范机器智能主导人类智能是未来战争伦理无可回避的话题。确保作战筹划决策中"人在回路"，一是要严谨设计智能模型，以确保其推理分析真实可信；二是要严控机器自主决策的行为边界，超前设想并严苛限定其"职权"范围；三是重大决策人类主导，坚持定性分析与定量分析相结合选定决策建议指挥部队行动；四是为智能决策支持系统设置"一键重置"模块或"远程遥毙"功能，确保智能系统出现失控迹象时人类可随时夺回主导权。只有始终确保人在决策链中的核心角色与"拍板"地位，才能引导智能筹划决策健康发展。

2. 加快各类系统互联互通，使实践更加联合体系增能

一体化联合防空反导作战体系（IBCS）的主要功能是可以探测、识别、跟踪多种类型空袭目标，如飞机、战术弹道导弹、巡航导弹、战术导弹、火箭炮及迫击炮等空袭威胁，并能在交战中向已有和未来集成的防空反导武器系统进行目标分配、火力指挥和发射控制。系统的构成包括标准化的数据格式、互通的指挥信息链路和各类空情监视传感器，可实现兼容的情报收集、统一的态势显示、可信的作战计算和通用的指令控制。发展一体化联合防空反导作战体系，实现各类平台和系统间的互联、互通、互操作，是取代和消除目前类各防空反导作战力量指挥控制系统"烟囱林立"现状的关键，也是有效应对未来快速、多批、多变空袭目标的能力保证。

3. 实现人脑云脑全程互补，使实践更加严密整体聚优

人脑指军事专家的经验智慧，云脑指支撑筹划决策的云计算技术。人脑在

战法设计谋略运用上绝对主导，云脑在作战计算和知识发现上无可替代，在大数据运算平台和大型情报中心的实践运用过程中应协调发挥两者各自优势。一是召集各军事领域专家围绕防空反导作战筹划决策问题建言献策，提炼其思路和对策形成知识库、战法库，以实现专家智慧在战时的稳定复用，提升"知识力"；二是坚持定量、定性相结合分析情报数据，为筹划决策提供关键信息，贡献"信息力"；三是综合战场态势、作战目标、预期效益和预想变化，融合"专家系统"生成备选方案并优选排序，提供"决策力"；四是综合运用方案建模、量化计算、仿真推演等，直观呈现复杂决策问题，实现启发决策思维、优选定案，形成"评估力"。

4. 强调设计推理合理预测，使实践更加具有认知优势

联合作战是人类对抗的高级形式，起决定作用的仍然是各级指挥员谋略、意志和认知的对抗。作战设计，是针对对手的战法设计和运用思想，其高超运用甚至可以抵消力量对比的差距。重视发挥作战设计的作用，通过施计用谋、心理威慑和认知颠覆，能对发扬兵力火力起到"倍增"作用。2017 年 2 月，叙利亚军队先是向以色列发射一架无人机，吸引以军 F-16I 战机起飞并反向追踪无人机指挥控制系统，同时将以军飞机可能攻击线路报知地面防空火力，由其机动至伏击位置并一举将以军飞机击落，这一"以弱胜强"的防空作战实践为我们提供了加强作战设计的生动范本。另外，心理战已臻成熟，能起到震慑敌军心理、瓦解意志、引发精神紊乱的作用，在 21 世纪初的中东海湾战场多次成功运用。认知战还处在发展过程中，可利用其对敌高层决策思维、中层组织协同意识、底层士兵配合精神等方面进行主动干预。

（三）坚持多措并举，提高智能筹划决策的可靠性

1. 重视战场实况反馈，防止作战实践偏离实际走向虚无

美军认为，再高妙的作战计划，一旦付诸实践即意味着过时落后。多数情况下，指挥决策机构对战场情况的预想和各种计划安排，都是基于以往数据或推测，与现实战场存在偏差是必然的。联合防空反导战场，各空间侦察、监视和预警系统，各武器平台目标跟踪和瞄准系统，为全方位观察战场提供了必要途径。开展智能化筹划决策作战实践，既要重视既有经验、证据和判断，更要重视发挥大数据技术在处理海量复杂作战数据上的独特优势，不间断跟踪、观察、评估、反馈交战实况，不间断组织运筹谋划和作战计算，不间断校正预想情况偏差调控部队行动，使计划安排和部队行动始终处于良性动态演化过程，防止"一成不变"造成脱离战场实际。

2. 强调多种手段共用，防止系统受损造成实践失能失灵

新时代我军正由半机械化、机械化向信息化和智能化过渡，跨代指挥控制系统和武器装备的设计原理和运行流程存在极大不同，基于大数据的联合防空反导智能筹划决策手段的运用，不能否认或排除非智能作战手段作用的合理发挥。同时在现代战场"打点瘫体"作战中，先进手段面临受损失能的风险使传统手段仍具有维持作战指挥连续不间断的保底作用。抓好多种手段的合理共用，既要突出智能筹划决策系统与态势认知系统、指挥控制系统的综合运用，也要注意传统筹划决策手段、智能筹划决策手段、自主筹划决策手段的配合使用，加强不同手段和战场环境下的联合训练，为应对极端情况做好认知和能力准备。

3. 推进自主学习进化，防止智能模块"惯性思维"陷入失智

智能筹划决策辅助系统作用的发挥，既要依靠各类知识库、模型库、战法库等的支持，也要靠集成发挥各类智能 Agent 功能和推进自身"进化"的推理机发挥作用。智能系统存在的弊端之一，是随着各类模型和知识库的成熟固化，在相似的决策环境下智能辅助系统容易陷入"惯性思维"的固定模式，而使敌方猜测掌握我方行动规划的可能大大增加。"胜战不复"，要推进智能筹划决策辅助系统不断推陈出新，持续提供高妙的"战法谋略"，就需要改进推理机，使其基于历次实战、重大演训活动或兵棋模拟推演等，能自主修订自身推理规则，并以此牵引各智能 Agent"进化""升级"，从实战经验中不断"学习"提高筹划决策能力。

第六章　基于大数据的联合防空反导作战精确指挥控制

指挥控制是作战行动实施阶段的主要任务，目标是将经过态势认知过程获得的准确战场情报、筹划决策过程形成的指挥员决心方案和作战行动计划付诸实施，通过强有力的指挥控制方法、手段、过程引导联合防空反导作战沿预想方向发展，确保最终目标顺利达成。大数据环境下的联合防空反导作战行动，具有空袭目标全方位立体攻击、作战空间立体交叠、抗反防行动绵密衔接、作战与保障实体众多、交战过程突发短促等突出特点，相较传统的防空与反导分离式作战更难、更快、更复杂，必须重视发挥先进指挥控制手段效能，以作战大数据的准确掌控和高效利用为核心，精确指挥控制联合防空反导作战行动，确保防御目标和任务达成。

一、精确指挥控制

（一）指挥控制概念

1. 指挥、控制的释义

指挥，在"百度汉语"中亦作"指麾"，表示"发令调度"，或"发令调度的人"；在《牛津词典》中作"Command"，表示"指挥，控制，统率"。在军事领域，指挥通常在其前面搭配军事、作战等一起使用，《中国人民解放军军语》（简称《军语》）对作战指挥的释义为"指挥员和指挥机关对其所属部队作战行动进行的指挥"。控制，"百度汉语"表示为"掌握对象不使其任意活动或超出范围"，或"使其按控制者的意愿活动"；在《牛津词典》中作"Control"，表示"操纵、调度、管制"。在《军语》中，控制一般与指挥搭配使用，表示"指挥员和指挥机关对其所属部队作战或其他行动的掌握和制约活动"，"维基百科"（Wikipedia）"美国陆军条令 FM3-0"规定，"Command and Control"意为"在完成目标的过程中，由指定之人及规定之物品履行职权与指导的过程"。①

2. 指挥控制的界定

在军事和作战领域，指挥控制是指挥员及其指挥机关，通过指挥系统对参战的诸军兵种部队作战行动的掌握和制约。指挥控制的主体是指挥员及其指挥机关，指挥控制的客体是担负作战任务的诸军兵种部队，指挥控制的手段包括指挥控制系统及其他作战所需手段，指挥控制的内容是对作战行动进行掌握和制约。由作战指挥控制的构成要素可见，其本质上是对指挥员定下的决心和指挥机关制定的作战计划执行的过程，主要是作战指挥和控制人员利用战场综合监控系统以及作战单元末端的便携监视与便利观察手段，掌握敌情我情变化、战况发展及战场环境变迁，实时反馈给决策计划部门，根据上级发布的新的计划命令调控部队行动，推动作战进程朝预期方向发展。

3. 指挥控制的发展

从军事理论继承发展的角度看，作战指挥控制的内涵并未发生本质性变化，更多的是随时代发展、战争形态演变、指挥控制手段进步而表现出不同的外在特征。古代，战争的基本形态是两军阵前对垒或诱敌设伏，作战过程发展基本上在将帅的预料之中，作战过程中的指挥控制以事先约定为主，通过旌旗、钟鼓等发布。近代以热兵器为代表的机械化战争，使战场更加广大、部队种类增多、攻防行动交错复杂，指挥官难以完全按预先计划指挥部队，其主要通过无线电报、电话等方式，掌握战场情况变化并发布作战指挥控制命令。信息化局部战争，战场动机更加隐秘，交战区域广泛散布于立体空间，部队职能任务进一步细分而作战行动更趋联合，敌我攻防作战的联动性强且极易造成局部胜败牵动整个战局。近年来，"三非作战"渐成主角，远程化、精确化、隐身化、高速化空袭与防空武器大量投入使用，指挥员的指挥控制活动更加要求情况准确、反应灵敏、运用得当，只能也必须依靠高素质指挥员和先进战场跟踪监视系统来实施精确化指挥控制，以保证指挥控制目标与各部队作战行动效果顺利达成。

(二) 精确指挥控制实质

1. 多元精准作战力量的运用呼唤精确指挥控制

随着我军领导管理体制确立，指挥主体、客体、指挥手段和指挥信息等要素均相应发生较大变化，同时也带来部队编制、体制和指挥控制机制、关系发

---

① U. S Army FM3-0, "C2 in a military organization"。

生质的飞跃，突出表现为指挥层级减少和跨度增大、军兵种部队更专业、力量类型更多元。我军大量新型武器装备列装服役，空海军三代半超声速战机成为主力、四代隐身战机统治空天，首艘航空母舰和国产航空母舰陆续入役及新型驱护舰"下饺子般"列装，新型防空反导导弹和雷达预警系统陆续定型和列装，武器装备信息化程度和作战效能同步提升，智能化、无人化新技术新装备逐步融入新型作战体系。未来联合防空反导战场将是新型部队和精确化作战装备担当主角的舞台，对其有效运用呼唤精确化指挥控制。

2. 高度复杂联合行动的实施要求精确指挥控制

信息化联合作战高度复杂，战场"迷雾"浓重。军事强国的作战实践表明，有限规模的作战行动亦可达成重大战略企图，作战规模界限的日益模糊使有限规模作战行动的战略性更加突出。联合防空反导作战的基本特征，是行动在广域多维战场发生，重心转移快捷，阶段转换频繁，多元联合力量不分主次平等参与行动，要求作战指挥控制必须更加精确高效。作战规模的有限化、作战行动的快速化和作战进程的短促化，使各战场联系更加紧密，某个战场取胜或失败将"催化"并加速其他战场战局的分化，对整体作战的精确指挥控制要求更高。信息化作战不是势均力敌的"硬碰硬"对决，而是凭借绝对优势的"压倒性"制胜，强敌必以其占据绝对优势的兵力、火力和网电作战武器，对劣势一方实施信、火、智能一体的压倒性打击，指挥控制"全谱"作战必须高度精确。

3. 全维敏捷指控平台的引入确保精确指挥控制

美军"网络中心战""空海一体战""跨域协同作战""全维一体战"等军事思想的不断创新实践，使多域战场联系更加紧密，网络化作战体系、一体化指挥平台和数字化武器终端跨域联通构成巨型复杂作战网络。一体联网的作战指挥体系，使广泛分布于各战场的侦察监视设备及传感器系统可以更精准、更全面地观察战场态势并反馈至指挥控制机构；高度精干和机动部署的联合指挥控制机构通过网络及其他信息化手段可快速汇集各战场实况数据形成直观通视态势图，为研判作战态势确定指挥任务和调控目标提供依据；高性能作战计算和任务规划系统，可以根据指挥员决心意图和战场态势发展变化快速生成指挥控制方案，全维敏锐的作战指挥控制环境为实施精确指挥控制创造了可能。

（三）精确指挥控制目标

1. 确保各任务部队作战计划顺利实施

确保部队按计划执行作战任务，是各级指挥员关注的焦点问题。一方面上级可实时跟踪一线指挥员作战命令下达与部队行动情况，适时提供指导性意见或关键信息支援，另一方面当监控到指挥员无法正确执行上级计划或作战行动受阻时，可以通过数字化指挥控制系统进行情况质询或下达补充计划命令，当确认上级决心意图难以执行或补充调控命令失效时，上级指挥员可按程序组织调整、移交或接管部队作战指挥权，直至任务部队行动回归正轨，按计划继续进行。同时，由于作战指挥控制机构往往是战场上敌方首先打击的目标，在上级指挥控制机构受损或指挥信息不畅时，任务部队指挥控制机构需做好随时接替指挥的准备，以确保阶段性作战目标达成。

2. 促使联合部队分域行动更具整体性

联合部队作战行动分域同步展开，具有显著的"形散神合"特点，各战场行动应紧密联系形成动态互补的"行动力量网"。以联合海上对陆防御作战为例，舰载火力及海军航空兵担负近海拒止和歼驱进犯之敌的任务，对突破海上防御部署向近岸进袭之敌则由空军航空兵与岸基防空兵接力实施空地聚歼，此后的少量突破近岸防御部署之敌，则应迅疾交由岸基防空兵与陆军地面防空兵封堵围歼，各分域力量作战行动联动紧密、火力衔接、情况互补，必须以一体化精确指挥控制确保多域行动的整体性。

3. 适时调控偏差保持战局重心平稳性

近年来"重心理论"① 受到部分国家军队的高度重视，并成为规划指导作战行动的重要遵循。从防御作战角度看，敌方作战重心是指敌进攻体系的核心节点和关键行动，我方作战重心往往是指防御的目标及战法对策。在战局推进过程中，由于现实战场的影响干扰和指挥员个体经验的差异，难免出现战局发展顺利时超越重心或战局发展受阻时偏离重心的情况，此时即需要战役指挥员持续掌握战局进程尽早下达纠正偏差的调控命令，以保持作战进程重心平稳、始终观照全局。

4. 推动战场态势向对我方有利方向发展

联合作战总目标由一个个具体的分目标构成，通过各分目标可将总的作战进程划分为不同行动阶段，各阶段目标的实现推动总体作战目标的达成。作战指挥员一方面需要通过塑造态势制敌诱敌，使其按我方预想方向行动或退却，另一方面需要密切评估己方部队各阶段作战目标达成情况，对超出预期目标的行动调整原定决策计划加快推进进程，对低于预期目标的行动追加调控指令务

---

① "重心理论"由美军首先提出，主要着眼在复杂作战环境中取胜，通过找准敌、我、环境重心，综合发挥己方力量、手段和战法优势形成作战重心，以对敌重心实施有效打击。

求赶上进度，由此通过正反双向诱导调控推动整个战局向对己有利的方向发展。

二、联合防空反导作战精确指挥控制

联合防空反导作战具有适用于一般联合作战的特性与内容，其作战行动的实施是实现战役甚至战略目标的必然途径。这一作战过程受大量可控和不可控因素的影响和制约，其核心问题是着眼战场情况反馈精准有效的指挥控制部队行动。作战目标顺利达成与否取决于指挥控制的精确与否，指挥控制的精确与否则取决于对战场问题的认识准确与否及对反馈自战场的作战数据处理运用得当与否。

（一）联合防空反导作战指挥控制面临难题

1. 作战目标日益多样化，目标选择难度加大制约后续行动

信息化空袭与反空袭作战历来受到攻守双方的高度重视。空袭一方为达成出其不意效果和直击要害目的，必然以多种空袭兵器配合、主攻佯攻并举、多点进入声东击西等战法，干扰误导防御一方的目标判断与选择，打乱其防御部署。目标选择难度的加大，将直接导致一系列作战行动的迟滞和难以把控的作战效果，极有可能造成难以承受的后果。组织实施有效的对空防御作战，必须使各类性质的作战力量、各类防御部署和各战场行动效果高度协调一致，精确指挥控制是达成目标的重要保证。

2. 指控对象加速一体化，局部指控不当易扩散影响其他行动

联合作战强调各种力量和各类作战行动的联合，要求分属不同军兵种的作战力量通过战场网络实现一体联合，并在共同实施的防御作战行动中主动、充分地协调彼此目标和进程，使联合作战力量体系与行动指挥控制趋于一体化。各类作战系统的一体化和行动的联合化，带来更强的整体联动性和效果传导性，对某一局部作战指挥控制适当与否，将不可避免的牵动和影响在其他战场实施的联合作战行动，反过来又对作战指挥机构的精确指挥控制提出更高要求。

3. 精确攻防作战力量主导，指控精度不高严重削弱作战效果

以 F-22、F-35 第五代隐身战斗机、"战斧"巡航导弹、X-51A 临近空间高超声速武器等为代表的进攻性空袭武器装备，以及正在加速实战化部署的舰载电磁炮、机（舰）载激光武器等非动能拦截器等为代表的新型对空防御力量，将塑造并主导未来防空反导作战新的样貌。精确攻防手段的大量运用要以精确制导、精确指令、精确使用为前提，没有高精度的指挥控制，武器的性能越高在实战中可能造成的偏差越大，或在实战中根本难以发挥精确打击优势。有效担负联合防空反导使命，客观上决定了必须实施精确指挥控制。

4. 交战过程不确定性大，指控权责不清影响下级指挥能动性

变化是未来战争中唯一不变的准则。联合防空反导作战过程不确定性大，一是体现在各类作战行动从发起到展开到结束迅捷短促，防御一方往往来不及反应；二是体现在进攻发起方更强调"智取"而非"强攻"，防御一方往往很难抓住重点有效应对；三是体现在进攻方更注重从整体上进行体系破击作战，防御一方指挥控制网链面临毁瘫风险。只有充分设想和分配不同情况下的指挥控制职权，才能调动和发挥各级主观能动性，精准灵活掌控部队行动。

5. 作战目标的战略性强，指控不及时干扰高层作战意图达成

联合防空反导作战具有高度战略性、首战首用性和全局决定性，各级指挥员在交战过程中充分理解把握统帅部战略意图并坚决付诸作战行动是确保联合防空反导作战取得胜利和达成最终目标的核心内容。部队行动偏离预定方向、战事推进超过或达不到预期程度都将扰乱上级做出的整体作战部署，甚至影响战局的胜败走向，必须实施自上而下各级同步联动的精确指挥控制。

(二) 联合防空反导作战精确指挥控制特点

1. 指挥机构权威高效

权威高效的作战指挥机构是联合防空反导作战指挥制胜的关键，一是能够对各作战方向的行动施加绝对有力的干预和控制，确保上级企图得到彻底贯彻执行；二是能够统筹多维战场的多样化行动，根据整体布势和战局发展适应性预见并调控局部行动计划，以增强各联合作战行动的整体应对能力；三是完备料敌充分的应急调控预案，以确保发现局部出现偏差或者按照上级指示进行调控时能迅速拟制计划、适应性修改完善、实时下达部队实施调控。

2. 反馈数据实时驱动

数据是信息化联合防空反导作战指挥的能力支撑。实时、充沛、精准的态势数据、指令信息和武器参数，是跟踪诱导态势发展的依据，是发现和确认行动偏差的线索，是把握指挥控制重心的抓手，是规定部队调控动作的准绳，是摸清己方资源底数的凭证。各类战场实时反馈数据，通过广泛分布的战场传感器收集，通过畅通稳定的网络系统传输，通过智能高效的作战平台处理，通过简洁高效的军令系统发布，"全寿命周期"驱动作战指挥控制系统高效运转。

3. 指挥控制系统联网集成

指挥控制系统作为作战链路的末端"驱动器"，在确保能与情报系统、决策系统并行运作的同时，也应形成广泛联网的分布式集成系统，向各级指挥机构和各类作战单元提供基于共同平台资源的作战计算按需服务能力、虚拟同步的作战态势评估和指挥控制研讨能力、跨平台跟踪和指令干预能力，以确保联合作战指挥控制机构灵敏、简洁、高效，实现指挥军令畅通和部队行动反应敏捷，保证指挥控制目标顺利达成。

4. 力量体系灵活可重组

精干模块化部队是未来参与并实施联合防空反导作战的主体力量，其作战运用应充分发挥其功能抽组灵活、行动响应迅速、遂行任务适应性好和战场生存能力强等优势。适应联合防空反导作战需要，应强化平时的多模式组合训练、适应网络化战场环境的入（出）网训练和极端遭袭失联条件下的自组织能力，以确保在作战过程中来之能联、伤之能战、退之能守，为指挥机构精确指挥控制提供有力支持。

5. 指挥控制指令直达末端

信息化联合防空反导作战更强调从"传感器"到"射手"无障碍贯通。实现指挥控制指令末端直达，可有效压缩行动反应时间，形成制式的标准化共享指令，降低所属部队执行紧张激烈作战行动过程中的情报、信息和指令处理强度。满足以上要求，需减少指挥控制层级、统一数据标准和指令格式、简化指挥控制行动内容、加强联合部队在复杂环境下的适应性训练和演练，确保体系全维贯通、高效运行。

（三）联合防空反导作战精确指挥控制价值

1. 能确保上级决心和作战行动计划得到准确执行

上级决心及根据决心方案拟制的作战行动计划，是对联合防空反导作战总的指导、整体筹划和具体安排，对各联合力量指挥控制活动具有强制性和约束性。只有准确、严格执行上级决心和作战行动计划，才能从联合防空反导作战的高度战略性出发维护最高决策层和联指机构的绝对权威，才能实现对防御目标的有效防护和对最高决策层战役设计和指挥艺术的充分发挥，才能保证所属部队对总体作战目标和行动规定具有广泛一致的认知，保证实现总的作战效益大于部分之和。

2. 能保证各类作战单元和武器系统效能充分发挥

需要精确制导和精准操控的信息化武器装备，既要求精确的指挥数据和控制指令，也要求精准的操作和高水平的运用，对精确指挥控制要求更高。只有保证各类信息化武器装备都由熟练的指挥者操控，或由权威机构的指挥员运用，才能发挥其最佳作战效益，保证局部行动目标精准实现，推动战局向预定方向发展。相反，低水平指挥控制将极大削减优势装备的作战潜力，严重影响预期目标实现。近年来，装备先进美式武器的沙特政府军频繁发动对也门胡塞武装的空袭，非但收效甚微，甚至其先进战机不断被落后防空武器击伤击落，根本原因是低水平的指挥控制极大抵消了先进装备的性能优势。

3. 能发现和消除战场不确定性保持作战正确方向

基于各种战前情报和情况预想的作战筹划决策方案，不可避免带有个人主观性或认识偏见，需要在具体实践中校准。美军认为，不管多完美的战法，一旦付诸实战就过时了，必须从实际情况出发予以修正。现代战场，由于敌对双方不间断的"隐真示假"斗争，战场充满不确定性。消除主观认知上和战场情况上的不确定性，要"用数据说话"，应以多维、多态、多角度的实战数据综合对比印证，形成对对手和战场实况的"全息扫描"，发掘非完全但真实可信的数据来透视战场实况消除"战争迷雾"。

4. 能保障各分战场目标和总体作战企图顺利达成

每场战役的总目标都是由各阶段目标的转换推进实现的，现代战场除"斩首行动"外极少出现跳过先期阶段直达目标的作战行动。我军传统观点偏重于从当前态势出发预想情况塑造最终态势，而西方现代作战理念则强调从预设目标出发逆向设计作战过程并预先扫除各种可能的障碍。联合防空反导作战指挥控制应兼顾东、西方优势综合施策，目标预想与分解控制过程如图6-1所示。首先是利用战场数据查明当前情况并充分预想困难设定目标；其次要基于效果作战，充分发挥各战场行动效果对其他战场的支撑作用；最后是按照动态

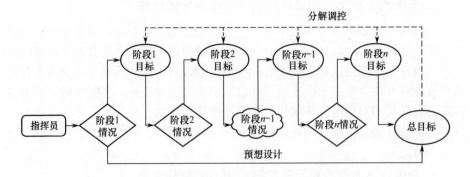

图 6-1 防空反导指挥控制目标预想与分解控制

控制思想适时转换作战重心推进战役进程，只有以精确指挥控制做保证，才能以各分域战场目标的达成推动总体目标实现。

三、支撑联合防空反导作战精确指挥控制的大数据环境

精确化的联合防空反导作战指挥控制必然要求实现精确化的大数据条件。在信息化作战手段日益发展的今天，数据链技术基本成熟并在世界主要国家军队广泛使用，极大地弥合了战场指挥控制系统与敌、我、环境中各类主体间的认知缝隙；以作战数据收集、运算、态势生成和任务规划等为主要功能的大数据辅助手段，可有效发挥大数据在数据收集、处理、融合、分发等方面的优势，为快速、复杂、并行的指挥控制活动提供底层支持；简洁、高效、安全的大数据指令系统及安全机制，为各项联合防空反导作战指挥控制活动的实施和系统可靠运行提供基础保障。以上条件构成联合防空反导作战指挥控制大数据支撑环境，其相互关系如图6-2所示。

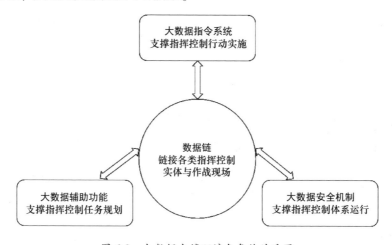

图6-2　大数据支撑环境各条件关系图

（一）链接各类指挥控制实体与作战现场的数据链

数据链，是在各类作战实体间实时处理和分发战场态势、指挥控制、作战协同信息的作战支持网络，能按照指挥控制作业流程，对每一个数据字段赋予明确定义，规范其响应处理过程，借助快速跳频、扩频与时分多址（TDMA）等移动通信技术来区分信道防止信号干扰，可使各类作战实体和平台根据消息含义及处置规则自动或半自动化响应数据，以数据驱动行动流、信息流、物质

流和能量流快速流通和互相转化，为联合防空反导作战提供通联保障、信息保障和智能知识保障。

数据链主要传输各类战场态势信息、侦察情报数据、指挥控制指令和行动协同信号，并能完成己方网络体系中的成员身份识别、战场影像回传、平台状态监控，以及作为其他伙伴行动的链路节点等任务，具有服务对象智能化、数据传输实时化、信息格式标准化、流转过程自动化、链接效果紧密化等特点，可在不增大信号辐射特征的前提下为各作战实体提供集成共享环境，是高效收集、整合、分发各类战场数据的"驱动器"、联通网络化作战体系的"黏合剂"、服务各类指挥控制实体与任务的"倍增器"、观察"接触"各种空中作战对象的"神经元"。

利用数据链，执行联合防空反导作战任务的空中编队在战场机动初期无需开启机载雷达，仅依靠数据链"被动"接收高空预警指挥机发送的态势数据即可感知周边敌、我、环境情况，在进入交战区域开启雷达后可实时将敌方目标位置、数量、型号等信息，以及对敌火力打击后的目标毁伤情况，作战全过程所处装备体系自身性能参数等回传空中指挥平台与防空反导指挥控制中心，并能传递雷达锁定目标的信息引导友方防空力量聚歼来犯之敌。美军链接广域分布的作战实体和多样化行动任务主要靠 Link-16 数据链来完成，其经过一系列版本升级改进，已能较好适应指挥控制需要。

（二）支撑指挥控制任务规划的大数据辅助功能

1. 友好的人–机系统交互功能

联合防空反导作战体系是一个开放复杂巨系统，时刻进行着系统与外界之间、系统内部各实体之间的数据交互，不断获取、更新和分发共享战场实况并促进统一的认知。保障各类输入、输出的大数据交互环境，一是自适应的数据接口，便于各类模块化功能实体快速加入作战序列并获得数据响应；二是对敌、我状态数据进行编码，按照数据链的字段格式，将敌、我身份属性、行动状态和行为轨迹描述数据以格式化语言和规定报送路径回传数据中心做进一步处理；三是网内各实体间的数据赋值操作，依照各实体分工将所掌握的目标数据部分字段以填空方式补充完整，形成完整一致的目标描述，方便各类平台共享；四是便利化人机交互，通过数据处理技术去除类型标识、字段定义等无需人类识读的格式信息而只交付人类能够读取的表述语言，同时接收指挥控制人员的信息输入，加上特定标识字段后生成机器可识读的比特序列，从而构建良好的人与机器交互环境。

144

2. 实时态势流数据计算功能

联合防空反导作战高度复杂，各种态势情报、作战计算和指挥控制指令数据，需要相应的大数据分类处理与计算手段来高效应对。一是进行巨量结构化数据计算，如对某一区域特定时段的卫星监测数据进行筛选分析，建立在小数据集上的传统分析法难以胜任，基于 Hadoop 平台的 MapReduce 批处理和 Storm 流处理可提供快速高效的索引和分布式计算能力；二是进行分布式数据存取转换，传统的数据清洗、抽取、转换方法难以适应高并发性的数据响应需要，基于"云"的 HDFS 分布式文件系统、SQL 关系数据库和 NoSQL 非关系数据库等，可提供高效大数据集管理和"吞吐"能力；三是对流数据的保鲜更新，指挥控制过程既要处理静态、离线数据，还要实时响应增量数据，如空气动力学目标的飞行轨迹、战术弹道导弹弹道等态势数据，在观测目标数十秒钟即会发生较大位移情况下，借助数据查表和内存迭代更新等手段，能确保目标数据唯一且实时更新。

3. 目标评价与效能评估功能

对受攻击目标毁伤状况进行评估，以及对己方装备完好程度做出评价，既可以通过后方数据中心进行详细比对，也可通过前沿部署的目标数据监视处理平台自动完成，从而快速确定是否需要追加火力打击或引导己方战损单元撤出战场等。进行目标评价时，可将目标瞬时数据与作战平台上存储的目标全息数据进行关键特征、点位的比对，以判定目标是否彻底损毁或遭到何种程度战损，进而辅助作战人员决定是继续观察评估或是追加火力打击；进行效能评估时，可在自动解算专题目标观测信息提取指标数据的基础上，快速匹配调用平台上集成的各类效能评估模型，测算既定任务的完成程度及是否顺次执行后续行动；经过目标状态评价与毁伤效能评估形成的结论，可通过数据链同步发送本级与相关指挥控制系统，用作进一步研判态势和跟进筹划决策。

4. 支持各种任务、行动和协同动作规划的方案库、战法库、规则库

防空反导武器的高效运用离不开精确数据的支持和成熟手段的辅助，在上级总体方案计划基础上，前沿作战集群或任务编队需要对任务规划、行动划分和协同动作等做出具体安排，建立在大数据基础上的指挥控制方案库、战法库、规则库等，能够提供专题化辅助规划功能。其中，任务规划主要是对目标进行编批和分配，高空预警指挥平台可快速调取方案库的任务分配方案并基于己方任务机型、编队、弹药等进行"合理够用"的任务区分；行动划分主要选取和划分应采取的攻防作战行动，一般由执行任务编队的长机根据当面之敌的类型、数量等调取战法库中的常用、专用行动方案，规定应采取的突击、掩护及佯动动作并确定其执行者，以辅助作战人员高效采取行动；协同动作主要是根据前述作战任务、行动方法等，着眼全局力量的综合运用，由预警指挥平台会同所有参与联合作战力量，依规则库选取适宜协同规则并展开协同动作。

（三）支撑指挥控制行动实施的大数据指令系统

1. 指挥控制作业标准化系统

最大限度规范一致作业数据是实现指挥控制系统高效共享交互信息的前提，可通过大数据技术对指挥控制数据、作业及程序予以标准化。指挥控制数据标准化，可通过设计元数据、规定主数据等，对用于指挥控制不同作战实体和不同行动的数据作录入、存储及发布等方面的标准化，以统一数据操作平台，规范数据库管理系统与应用环境，简化指令数据格式；指挥控制作业标准化，是对指挥控制作业格式做出规范，统一命令、指示、通知、简令等文书格式，以便于作业系统接收、存储、传输、调用和发布；指挥控制程序标准化，是指通过数据流程的标准化规范各指挥控制机构的指挥活动和参谋作业行为，实现覆盖诸军兵种的指挥控制程序规范化。推动标准化，可极大提高指挥控制系统与各作战平台间的网络互联、信息互通和指令通报效率。

2. 指挥控制行动自动化系统

数字化武器平台和智能化系统走入战场，必然要求联合防空反导作战指挥控制过程高度自动化，应主要着眼大数据应用来规范交互接口、统一应用平台、简化交付作业。规范交互接口，主要指统一各平台间交链的接口，降低异构数据的复杂度，降维并统一数据时空基准，实现数据跨指挥控制平台自由流通；统一应用平台，指按照统一数据标准和编程语言，编写作战计算与指令文书生成软件等，提高指令类产品的通用性；简化交付作业，指统一规定指挥控制作业内容，坚持人-机结合，由作战人员操作指令作业系统拟制文书或在紧急情况下由作业系统自主生成文书指令。指挥控制行动自动化系统，可有效降低数据复杂度，简化数据作业流程，充分发挥机器作业系统自动化潜能。

3. 指挥控制内容可视化系统

可视化显示是多指挥主体以及紧急情况下受控智能体理解指令、任务的有效方式，其与语音、文字、表格等配合使用可大大提高受控对象的理解能力。主要涉及三个方面：一是将整体态势、主要威胁等以图示的方式推送给受控对象，强化其对当前全局情况与重要目标的认知；二是将行动过程中的调控指令和情况提醒以语音等形式推送给受控对象，特别是战斗机飞行员等行为主体，以保证其在不分散主要精力的同时及时获取必要信息；三是将敌我毁伤情况等通报信息以表格等形式向受控对象推送，避免笼统的语言陈述并使情况展示一目了然。数据可视化是大数据技术的重要优势之一，能有效提升指挥控制过程中的理解执行效率。

（四）支撑指挥控制系统运行的大数据安全机制

1. 数据网络异常态势预警监测

信息化联合空袭条件下，联合防空反导作战的开放体系架构不可避免将暴露于敌方杀伤范围内，成为体系毁瘫作战的焦点。强敌或将通过网络入侵、杂波扰阻、拒绝服务攻击等手段，重点破坏网络化作战体系的正常运行和作战数据的安全可控。强化网络数据安全防护，一是建立异常态势监测预警机制，坚持人防、技防和制度防相结合，借助生物识别、多重口令认证等加强访问控制，提高对匿名读取数据的限制，通过错误数据鉴定、非法读取或篡改数据行为监测预警等严密监控网络访问行为；二是研发加密数据编程计算技术，设计计算方法与编程工具，实现加密作战数据无需解密即可在收、发两端"不落地"传输，以应对复杂网络环境下的窃听、渗透、窃密攻击。下大力抓好数据安全防护，是确保作战数据可信、可用的基础。

2. 受损数据诊断、备份与修复

除了网络渗透破坏，强敌还将在空袭行动中通过反辐射攻击、"点穴"式打击、特种作战袭扰等手段，对支撑联合防空反导指挥控制的网络数据系统实施火力毁伤，因此要求数据系统必须顽存抗毁。一是强化系统诊断和数据修复，利用智能化的数据"生态"和数据"健康"诊断技术，巡检排查数据网络系统的漏洞和隐患，组织专业防护力量及时修补或发布更新；二是通过智能数据修复功能，定期对各类大数据集、库集做完整性、正确性和一致性校验，基于云数据管理功能查询并自动修复受损数据、找回遗失数据或剔除垃圾数据；三是健全容灾备份，通过数据云存储、异地同步备份、冗余链路接力等，保证指挥控制数据保障不断线、数据系统安全抗风险。

四、基于大数据的联合防空反导作战精确指挥控制活动

对作战行动的指挥控制，是按照指挥员定下的决心和指挥机关拟制的计划，对空袭之敌实施的集抗击、反击、防护于一体的信火攻防作战，目的是综合利用多种手段和战法对敌实施威慑、歼灭、驱逐，确保我方防御目标安全和作战体系稳固。这一过程实现的是将战前准备转化为实际作战行动，涉及作战

力量、战场空间、攻防行动层次类型多样，可以从多重角度进行探讨。大数据技术以不可阻挡之势融入各个作战环节，对联合防空反导作战指挥控制带来全方位影响，尤其是行动指挥、过程控制、动作协同等方面，为提升联合防空反导作战效能带来了新的方法、手段和机遇，如图 6-3 所示。创新基于大数据的联合防空反导作战指挥控制，具有充分的实践价值和指导意义。

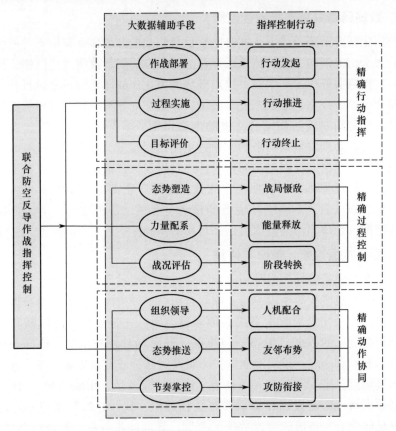

图 6-3　基于大数据的联合防空反导指挥控制活动

（一）着眼简明快速，实施精确指挥

从在整个作战体系中所处的地位和作用看，指挥控制无疑是现实军事行动的主体，起着推进方案计划实施和达成作战目的的作用。一个指挥控制周期的完成，应包括作战指挥活动的发起、发展和终止等环节，在高度复杂、快打快收且充满不确定性的联合防空反导战场，应着重突出简明快速要求，充分发挥大数据技术优势保障精确指挥控制，使作战行动沿着有序、可预期的方向发展。

1. 以简明快速的作战部署，指挥行动精确发起

作战部署是围绕指挥作战进行的各项准备，是作战计划的进一步细化和行动发起的起点。简明快速的作战部署有助于各级指挥员及所属部队精确理解任务、充分做好准备、准时发起行动。其推导框架如表6-1所列。

表6-1 指挥行动精确发起推导框架

以简明快速的作战部署，指挥行动精确发起								
	简明安排部署			任务直达末端			实时行动响应		
基于大数据的精确指挥支持	接入作战网络建立保密通信	进行各类作战计算	通过简令自动生成系统拟制文书	评测作战末端行动指标	监控末端作战状态	建立端到端指挥联络	作战问题在线答疑	在线状态检查	军令系统播发作战发起指令
联合防空反导作战精确指挥	接受上级下达作战计划命令	确定兵力编组、作战方向、行动时间	以格式化数据传递各种行动简令	预估末端平台作战能力赋予适当任务	把握实施直达式指挥时机	授予末端作战任务	确认任务得到准确理解	检查明确行动发起状态	发出作战行动命令

（1）简明安排部署。是指对行动发起前的各项准备工作进行统筹和部署，引导部队由战备向实战转换的基础阶段。

完成作战部署的首要和基本工作是接受上级下达作战命令，必须确保准确到位，主要通过作战系统就近接入指挥专网，建立保密通信渠道来完成。在网络空间安全态势日益严峻的形势下，应注重发挥好军事密码通信和网络信息安全防护职能，依托网络大数据随遇接入技术为部队建立可信、可靠、畅通的通联关系。其次，是本级指挥人员确定兵力编组、进攻方向、行动时间等指挥要素内容时，应在上级总的计划框架内，利用作战计划系统将上级计划内容快速转换为对应本级职能任务的指标，以便部队清晰理解掌握。再者，以格式化数据传递行动简令，过去由一线指战员在作战前沿向部队口头传达，随意性大、时效性差，大数据条件下可通过作战简令自动生成系统实时生成信号、语音等指令，既提高了传递时效又能最大限度确保简明无歧义。

（2）任务直达末端。是指将指令以可靠方式下达到各作战部位。

联合防空反导作战科技因素的增加带来战场空间的扩大，同一任务编队或战斗编组的作战要素也可能分散于较大空间，必须依靠技术手段实现任务命令直达末端。空中飞行编队长机或编组组长应考虑对象的作战能力对其赋予适当任务，可依托任务规划系统显示指挥控制对象的既往战例及现实状态，对其执行能力进行评估并分配适当任务。在完成任务对象能力评测的基础上，应准确把握下达任务时机，以求指挥对象实时响应、快速行动。利用直达末端的作战状态监控系统，上级指挥员可动态、实时观察任务编组运行状态，预先做好对象失控状态下实施直达式指挥的准备。完成状态确认后，任务随即下达，联合防空反导作战指挥员通过端到端的指挥链路，持续跟踪、评价战况并指导下级适时发起作战行动。

（3）实时行动响应。联合防空反导作战具有全局联动性，各级必须按照统一指令行动。

作战行动准备阶段的最后，指挥员及其参谋人员应进行行动前的最后检查。一是确认所下达任务是否被下级准确理解，可在大数据可视化条件支持下，利用指挥系统的视频或语音对讲系统，提问各战斗部队人员或在线互动交流，重点消除下级理解任务中的盲点。二是对下级行动发起状态进行检查，通过心率感应器、呼吸传感器、面部表情视频跟踪等信息化方式，异地同步判定作战人员心理、生理状态，并及时对偏离正常状态人员进行心理及生理干预。三是发出作战行动命令，战机或舰船飞（驶）离集结待命空（海）域，地面火力进入射击地线，可通过一体化指令播报系统向各作战单元下达作战发起信号并确认命令准确接收，确保各实体准时发起作战行动。

2. 以简明快速的过程实施，指挥行动精确推进

实施联合防空反导作战行动，是作战指挥的关键环节和核心内容，应简明、快速、精准指挥，确保行动顺利推进。其推导框架如表6-2所列。

表6-2　指挥行动精确推进推导框架

以简明快速的过程实施，指挥行动精确推进								
	按序推进行动			突出作战重心			明确约束要求		
基于大数据的精确指挥支持	调集战场监视力量收集敌情	围绕"OA"观察–行动环实时作战计算	联指中心协同预警指挥平台实时作战规划与评估	筛选力量与决心最佳展示行动	以形成局部优势为着眼使用兵力	按分区最大出动强度计算用兵力	指示获取制空权的关键	分析敌攻击动作意图	按防御任务推送实时敌情
联合防空反导作战精确指挥	防区前沿尖兵战斗巡航	接火区精兵歼驱并举	主战场重兵扫荡	尽远威慑拒阻敌机	中程弹机同步毁歼	及近多力聚合围歼	夺取制空权	全力压制敌机弹药发射与突防	务求全歼"漏网之敌"

（1）按序推进行动。联合防空反导作战短促性、阶段性突出，为不打乱各作战力量行动节奏，应尽可能按计划推进。

空袭作战的基本形式是战斗机在其他护航兵力配合下隐蔽进入预定空域投射空地（空）导弹或精确制导炸弹，或由水面舰艇海上机动至任务海域发射对陆攻击弹药。按照敌方机动距离和进逼程度，可细化为三个阶段。首先是在我方防区前沿，由高机动兵力实施战斗巡航，此时应调集本方向所有可用监视预警力量，集中收集敌情动向，由大数据态势研判系统分析敌方作战意图，向战巡航空兵推送态势研判结论，实施警告干扰驱离。若敌方无视警告或做出威胁性攻击动作，则应果断实施火力打击，态势判读系统直接进入"OA"环（'OODA'环略过判断O、决定D）并进行实时作战计算，以有效发扬火力对敌歼驱并举。强敌大量运用高机动性兵器以强化战场"快打快收"，将不可避免造成部分空袭之敌突破我方防御前沿向纵深推进，此时应由远程联指中心协同空中预警指挥平台跟踪掌握敌方动向并快速启用应急预案，指挥主战场重兵兵力发起战场扫荡，分域全歼突入之敌。

（2）突出作战重心。作战重心是各阶段作战任务中的关键部分或作战全局的关键之战。

根据空袭之敌所处的远、中、近距离，防御作战指挥重心应有所区别并相互衔接。在尽远距离上，应以威慑拒敌为主，可在作战行动大数据辅助系统支持下，针对当面敌情从多种威慑方案中择选最佳力量和决心展示方式，如无线明码喊话、展示机腹挂载导弹、火控雷达照射、绕敌机战斗机动等方式，以彰显我方威慑力量和决心。若敌方继续抵近，应依靠全域态势显示系统和作战力量计算设备，充分发挥我方防御兵力数量和战场环境熟悉的优势，在中距离范围内对敌方载机及其投射的弹药同步发起火力毁歼作战，力求形成局部相对或绝对优势，同时向邻近空域战巡部队推送本部敌情，必要时引导其对本部当面之敌发起合围打击。脱离拦截交战区，仍可能有少量敌机或导弹突入我方防御目标浅近区域，则应以组织本地部署的多样化防空力量分区聚力围歼为目标，以最大力量消除敌空袭威胁。

（3）明确约束要求。约束要求是对参加联合行动的各种力量行为的规定限制。

在尽远距离上接敌拦截阶段，应以夺取制空权为目标展开行动，通过编队数据链系统向所在区域全体部队发布掌控制空权的关键提示信息，增强前沿部署力量的行动指向性以尽快掌控空优势。在中距离优势力量与敌会战阶段，应以全面形成优势兵力、火力压制敌机企图发射空袭弹药或高速突防为关键点，由高空预警指挥机在火力圈之外实时分析计算敌机空中机动动作及预期动向，力争先敌行动限制或破坏其攻击行动企图。在近距离合力围歼作战阶段，应以务求清除"漏网之敌"为关键，按照实现防御目标的任务要求，全网推送敌方突击方向、打击方式和飞临时间等敌情动态，加强全域戒备，合力防范和围歼突防之敌。

3. 以简明快速的目标评价，指挥行动精确终止

联合防空反导作战行动快捷、目标有限，作战进行过程中必须实施简明快速的战况评价以合理决策和实施后续行动。其推导框架如表6-3所列。

表6-3　指挥行动精确终止推导框架

以简明快速的目标评价，指挥行动精确终止								
优先目标防御			择敌要害反击			争取效益最佳		
基于大数据的精确指挥支持	按敌方空袭兵力防御，兵力是否充足	研判敌方动向，确定机动力量投入时机	计算信息与火力需求及可能获得的效益	实时提供目标指示	根据敌方用兵习惯在指挥平台空域预先设伏	从预设反击目标清单中精选最佳突击目标	计算目标遭袭程度加强用兵	计算目标价值与作战可行性计算	提高精确度，确保反击效力
联合防空反导作战精确指挥	在预设防御重心重点用兵	对计划外重点机动用兵	在攻防重点部位信火一体抗击	对敌方编队突出部优先打击	对敌方指挥控制平台集中打击	对敌作战体系支撑点精确打击	确保防御目标安全	最大限度削减敌方进攻体系能力	力求震慑敌胆，减少附带伤害

（1）优先目标防御。确保防御目标安全是联合防空反导作战的第一要务。

应综合采取计划安排与应急处置、火力防护与信息支援等于一体的作战运用，保证防御目标安全。为此，在预设防御重心，应采取集中用兵，由指挥控制系统按敌方空袭兵力强度，自动解算我方力量是否充足，智能提出兵力需求及加强建议，以保证针对敌方空袭主力重点用兵。战场攻防局势不可能完全按预想发展，敌方必针对我方防御意图反向采取"奇袭"计划，对计划外的敌空袭行为，应由指挥控制大数据系统自动收集研判敌动向信息，根据我方可能受袭目标的重要程度安排时间投入我方机动防御兵力，以尽量减少附带毁伤。任何战役都存在最大强度时间，在此阶段我方应发挥战场毗邻我方整体防御部署之利，综合实施信火一体抗击作战，通过大数据平台计算信息与火力需求及预期效益，并依此指挥调动兵力。

（2）择敌要害反击。反击作战是针对敌方体系要害主动发起的震慑毁瘫作战。

对敌反击作战应坚持慎重、果断、高效原则，以有效配合实施防御作战。一是应针对敌方空袭编队突出部实施优先打击，由目标指示系统全时跟踪发布目标信息，或由无人僚机前出实施战场观察报告，并引导战巡兵力择敌空袭锐势予以打击。二是对敌方指挥控制中心实施精打清除，可在掌握敌方平时演习、训练活动用兵习惯数据的基础上，预判其指挥控制平台活动空域并预先设伏实施打击。三是对敌方深远部署的作战体系支撑点实施精确打击，如敌方战术弹道导弹阵地、航空兵场站甚至航空母舰基地等，在预设反击清单中精选最佳突击目标，精确使用己方优势兵力装备，实施出敌不意的"点穴"战，以此破坏敌方空袭兵器依托，削弱其空袭兵力出动潜力。

（3）争取效益最佳。作战效益包括敌我毁伤、作战资源消耗及对外效应等方面，应争取综合效益最佳。

联合防空反导作战的最大效益是确保防御目标安全，应依托战场监视反馈系统计算目标可能或已遭受毁伤程度，研究部署并加强用兵，以全力确保目标安全或尽可能降低遭袭风险。第二位的目标，应是最大限度削弱敌方进攻体系作战潜能，以防范其可能发起新的空袭，应着眼反击作战预设目标的价值及作战可行性进行模拟仿真，在精选、慎选高价值目标的同时力求便于执行且风险代价较小，以充分发挥必要的反击行动有利于巩固正面战场防御的效应。第三是应力求震慑敌胆并减少附带损伤，战时状态下最大限度发挥情报侦察和目标指示的可用潜力，以强化反击作战效力遏制敌方再度发动空袭的企图，实现军事行动服务政治斗争的目标。

（二）着眼聚优主动，实施精确控制

交战控制是联合防空反导作战指挥控制的重要任务，特别是在参战力量多元化、作战目标多样化和联合行动复杂化的情况下，有效的交战控制是确保作战行动始终沿正确方向推进，最终达成既定目标的重要举措，其更多发挥着对联合防空反导作战的逆向约束作用。联合防空反导作战控制涉及目标控制、力量控制、行动控制、节奏控制、效果控制等诸多方面，从大数据的影响和作用角度，应以局面控制、能量控制、阶段控制等为主要研究内容。

1. 以聚优主动的态势塑造，控制局面精确慑敌

作战局面，某种程度上也指代作战态势，是联合防空反导作战指挥员要时刻关注的重要方面。通过聚合己方优势和主动态势塑造，可有力掌控作战局面，以实力威慑遏制敌方空袭行动。其推导框架如表6-4所列。

（1）先期宣示决心。宣示决心是在采取作战行动前，对敌方表达己方态度与作战决心的活动，可以通过严厉程度由轻到重的提示、警告和武力展示等方式来实施。

表 6-4 控制局面精确慑敌推导框架

以聚优主动的态势塑造，控制局面精确慑敌									
	先期宣示决心			中期展示实力			后期显示威力		
基于大数据的精确控制支持	按空中相遇规则或公共频段对敌示警	察敌动向，以信号播报与武力展示并发出警告	观察警示效果和敌方动向，加大施压力度	解算应对当面敌情的重点及我方用兵方法	判敌所用战法及其体系重心	量敌选用平时预敌推演方案，聚焦攻敌弱点	调取最大化歼敌方案，加强力量配备	合理运用电磁欺骗与伪装、误导等战法	评估敌方空袭造成的防御毁伤，对等发动空袭打击
联合防空反导作战精确控制	提示敌方行动已靠近我方防御范围	揭露敌方发动空袭图谋	警告性射击传递火力打击信号	打击当面之敌强点	撼敌进攻体系支点	抓敌力量对比弱点	坚决消灭进犯之敌	多措并用误导诱偏敌发射之弹药	对我方防御目标遭受毁伤实施报复性还击

在空、地、海、天、网电立体侦察预警配系监控下，当敌方空袭编队飞临我方防空识别区或防御前沿时，我方空中战巡力量可借助态势引导迅速跟踪识别来袭目标。通过对对方行为调查取证，发现其携带攻击性武器或有威胁性企图时，可首先按照空中相遇规则或由公共无线电频段对其示警，提示其飞行行为已靠近我方防御范围。若提示无效，敌方飞行编队进一步做出攻击性战术动作，或继续向我防御方向突进时，应在态势跟踪研判系统辅助下观察敌方动向企图，以信号播报或侧转机身展示己方挂载武器等方式，揭露对方空袭图谋并展示威慑力量以吓退其进袭行动，同时向毗邻空域战巡力量播发敌情预警。在示威警告未奏效的情况下，我方应占据有利位置继续跟踪观察敌方动向，当判定其空袭意图坚决时，应果断将火控雷达开机对其实施雷达照射和发射锁定，或发射警告曳光弹，通过极限力度施压对敌方实施警告驱离。

（2）中期展示实力。对敌宣示告警无效情况下，应立即组织联合打击行动，有效施展实力和决心，对敌空袭力量予以歼灭或攻击驱离。

在空袭编队抵近过程中，当面之敌首先对我方构成直接威胁，应以打击当面之敌的强点（长机）为着眼，通过指挥控制系统自动解算敌情重点和我方用兵方法，智能化选取作战目标和打击弹药，同步锁定目标并引导作战人员操作火控系统对敌射击。当敌空袭力量进一步迫近，进入我方防空反导火力圈时，应在高空预警指挥机指挥调度下，不间断掌握敌方编队动作、队形、分组等变化，由战法研判大数据系统分析判断敌方欲采用战法及其作战重心，如预警指挥机等关键资产，集中优势兵力对其作战体系核心予以毁瘫，以形成实战震慑并动摇敌方进攻体系。随着敌我双方兵力进入全面接战区域，寻机歼敌的可行性增大，应在战前预案基础上，利用平时敌情推演形成的方案，聚焦于敌方力量弱点，如支援加油机、对地攻击机、三代机及其他早期型号战机等实施有效杀伤，以达到全面展示武力的效果。

（3）后期显示威力。这一阶段敌方空袭强度将下降，正是我方抓住歼敌和反击机会，显示我军强大威力的有利时机。

面对敌方体系性大为降低的空袭力量，首先，应坚持全力消灭来犯之敌的指导，利用战法选取系统调取最大化歼敌的力量编配与行动方案，聚合绝对力量优势，对敌实施围歼作战；其次，我方应合理运用电磁欺骗、目标伪装、行动误导等手段，多措并用对敌方发射的攻击弹药进行误导诱偏，最大限度降低敌方空袭弹药对我方防御目标及作战体系造成破坏；最后，对于敌方顽固坚持突袭我方防御目标，造成目标一定程度毁伤的行动，应果断采取报复性手段予以还击，根据战损评估结论对敌纵深防御目标发动对等空袭打击，坚持"人不犯我，我不犯人；人若犯我，我必犯人"，用对等毁伤打击显示我方作战威力，打消敌方进犯野心。

2. 以聚优主动的力量配系，控制能量精确释放

联合防空反导作战力量多种多样，既是战场的主体，也是作战能量的主要来源。以凝聚主要力量优势为目的的作战力量科学搭配使用，能精确控制并释放所积蓄的作战能量，为赢得作战胜利做好力量准备。其推导框架如表6-5所列。

表6-5　控制能量精确释放推导框架

以聚优主动的力量配系，控制能量精确释放									
	发挥精锐力量的控制力			集中主要力量的杀伤力			用好反击力量的冲击力		
基于大数据的精确控制支持	自动规划夺取制空优势的行动路径	预警指挥平台规划优势强度及用兵方法	计算最优信火配合使用方法	为交战区控制对象提供目标指示和出动建议	向防御纵深各级力量推送通用态势图及目标指示	向机动防御兵力推送通用态势图及目标指示	评估对当面之敌作战效果	评估对敌体系破击作战效果	评估对敌战略突袭作战效果
联合防空反导作战精确控制	释放空优力量的制空能量	发挥局部优势兵力以多胜少能量	释放信火并用抵消敌偷袭效果的能量	释放当前立体力量实施歼敌作战的能量	释放纵深全局力量配系决胜能量	释放机动防御力量游猎寻歼的能量	释放挫败敌前沿进犯的毁伤效力	释放瓦解敌作战体系的颠覆力	释放突破敌防御部署的破坏力

（1）发挥精锐力量的控制力。精锐力量是占据优势并可放心使用的兵力，

155

对获得战场控制力至关重要。

精锐力量往往部署用于前沿作战、应急作战或夺控制权作战。一是要精确控制空优力量来释放制空能量。世界先进四代机均装配有战场数据收集和智能处理系统，能针对特定态势，特别是敌方来袭目标属性规划制空战法和截击歼驱策略。美军 F-22 隐身战斗机就是这方面的典型代表，在制空战斗中具有无可匹敌的优势。二是要精确控制局部优势兵力释放以多胜少的能量。"多胜少"是基本制胜法则，在高空预警指挥机统一规划调度下，前沿机动的精锐力量可"量敌用兵"，精确编配力量并确定战法运用，以优势力量、优势组合、优势战法赢得主动。三是要精确控制信火一体作战运用，释放抵消敌偷袭效果的能量。空袭作战往往追求"出其不意"，在前沿机动实施快打快收作战。我方防御前沿战巡兵力可借助智能作战计算系统，形成信息−火力最优配合使用方法，谋求达成立体震慑效果以有效担负前沿警戒任务。

（2）集中主要力量的杀伤力。主要力量的精确运用是控制和决定战局的重要行动，也是对敌形成有效杀伤的重点。

防空反导主要作战力量一般配置在前沿与纵深之间的区域，发挥拒止敌方进袭我方防御纵深的作用，精确运用主要作战力量对确保防御纵深安全具有决定意义。一是要控制当面立体防御力量精确释放围歼作战能量，由联指中心统一协调海上方向、空中方向和陆上方向各作战群指挥机构梯次实施围歼作战，由联指中心提供统一的态势集成、目标指示和行动规划，也可在必要时由各方向指挥机构接替指挥，以形成集中统一的杀伤力。二是要控制纵深方向的全局力量配系，精确释放决胜能量。着眼作战重心转移趋势，通过战场网络与数据链向各纵深防御力量推送通用态势图与目标指示信息，构设面状立体火力区域，对突入之敌实施决定性杀伤。三是要控制机动防御力量，精确释放游猎寻歼作战能量。联指中心或受委托的分域指挥中心根据敌情窜袭动向，实时向对应方向防御兵力推送通用态势图及目标指示信息，引导机动作战力量持续跟踪掌握战场情形，积极向有利截击区域机动并抢占有利发射阵位，全面构筑由远及近、高中低搭配、机动可扩展的力量配系，围歼突入之敌。

（3）用好反击力量的冲击力。反击作战往往用于打击敌方体系要害目标或纵深战略目标，掌控好反击力量的使用可有效制造震慑力和冲击力。

反击力量是联合防空反导作战的总预备队，既可作为备用力量也可作为加强力量使用。一是控制好反击力量运用，精确释放挫败前沿进犯之敌的毁伤效力。在网络化作战体系统一指挥与控制下，通过跟踪前沿作战态势评估实时作战效果，在联指中心或专项防御分中心提出力量加强请求，实时投入反击力量拒止前沿进犯之敌。二是控制好反击力量运用，精确释放瓦解敌方进攻体系的颠覆力。通过跟踪分析联合防空反导主力部队作战进展情况、我方防御目标面临威胁及遭袭受损情况，当辅助分析模型判定主要作战行动无法完成防御目标时，可由联指中心适时启动反击预案，向敌方进攻体系前沿指挥平台，如预警指挥机、指挥舰、雷达中心等目标发起反击，以"致命一击"瘫痪瓦解敌方进攻体系。三是控制好反击力量运用，精确释放肢解敌方防御部署的破坏力。其主要针对敌方纵深目标，是典型的攻势作战，应在战略支援力量和本级情报监视力量态势情报配合保障下，审慎研判对敌战略突袭预期效果，根据上级决心企图着眼达成特定效果实施力量加强作战，以突破敌方防御部署破坏其后续空袭潜力。

3. 以聚优主动的战况评估，控制阶段精确转换

联合防空反导作战的核心是确保防御目标安全，为国家政治斗争或战略博弈全局服务，其突出的标志是目的有限，要求充分发挥精确作战控制作用，以达成最佳作战效果。其推导框架如表 6-6 所列。

表 6-6　控制阶段精确转换推导框架

以聚优主动的战况评估，控制阶段精确转换								
	统筹行动有序实施			兼顾效果相互支持			把握目的有效达成		
基于大数据的精确控制支持	实时更新态势，转换战备等级，触发反应机制	下达预先号令，编配出动序列，发布行动命令	发布敌情、战场环境信息，推送应急行动建议	建立空地(海)力量布势图及联动预案	根据兵力运用及战法威胁选取抗反防战法组合	选取信火配合方法，计算信火毁伤指数	比较预设阶段性态势与现实作战效果态势	融合战况反馈，比较态势发展走向	重点加强弱项，消除预期态势与现实态势差距
联合防空反导作战精确控制	控制我方防御计划灵敏快捷启动	控制我方防御兵力快速前出	控制防御作战稳妥有序发起	空地(海)力量行动相互支持	抗反防力量作战效果相互支持	火力信息攻防效益相互支持	稳定我方防御前沿态势	占据对敌攻防作战主动	确保我方防御目标完成

（1）统筹行动有序实施。作战行动有序则治，各实体可按计划展开各自行动；无序则乱，各行动交叉干扰影响破坏整体作战效果。统筹协调各类行动有序实施，是作战控制的重要任务。

作战行动实施阶段可划分为计划启动、兵力出动、作战发动三种阶段状态。首先，要精确控制我方防御计划快捷启动，利用实时更新发布的态势信息，指挥控制机构可适时组织部队转换战备等级，当状态监控达到临界值触发响应机制后，指令系统实时下发计划文书指导部队进行作战准备。其次，是精确控制防御兵力有序出动，按照下达预先号令、编配兵力出动序列、发布机动

和开进命令等程序，组织参战力量快速有序出动。最后，是精确控制作战行动稳妥有序发起，实时更新发布敌情、战场环境态势，推送应急行动建议等，规划当前战场情况和各部队要点，为作战力量精准投入行动提供支撑。

（2）兼顾效果相互支持。联合作战的精髓和要义是行动联合，效果相互支持，精确的效果控制是形成各战场行动有力支撑的核心。

从联合防空反导作战的力量运用特点看，应着重抓好三点控制。一是空地（海）力量行动效果的相互支持，空地力量作战在距离上具有较强的互补性，空海力量作战在高度上具有较好的互补性，可借助建立空地（海）力量布势图、作战行动联动预案等，实现行动同步进而达成效果同步。二是抗、反、防力量作战相互支持，其在作战对象和战场空间上具有一定相互独立性，但效果上却可以相互支持共同服务防空反导作战总目标。应遵循兵力运用、战法规则等，依据威胁程度选取抗防、防反相结合的战法，实现行动相互补充和效果相互增益。三是火力与信息作战攻防效果的相互支持，其相互间能够提供对对方作战行动的掩护，从而使各自行动顺利实施，应着眼选取信火协同战法、计算信火毁伤指数等，推进火力与信息作战协调同步实施。

（3）把握目的有效达成。达成作战目的，是联合防空反导作战控制的终极标准，也是推进各个作战阶段相互衔接转换的根本着眼点。

联合防空反导作战固有的防御性质，使其往往在开始处于被动状态，进而在各个作战阶段转换中逐步扭转态势，最终赢得全局主动，可将其确定为三个阶段性目标。第一，是稳定我方防御前沿作战态势，以尽快摆脱初战被动局面，通过对比预设阶段性态势与当前态势之间的差异，确定当前作战是否达到预期，是否应予以加强或施加控制，并以此推进作战阶段转换。第二，是占据对敌攻防作战主动态势，主动态势的获得在全局作战中具有传导性和带动性，应紧密融合战况反馈，比较分析态势走向是否符合我方预想方向，并确定需要实施的纠偏调控措施。第三，是确定我方防御目标达成，这是联合防空反导作战指挥控制的最高标准，应着眼重点加强薄弱环节消除预期终态与现实态势的偏差，调控引导部队向完成作战目标的终态发展作战，进而推动实现阶段转换或作战终止。

（三）着眼联动同步，实施精确协同

联合防空反导作战是围绕同一作战目标的各种力量、各类行动、各维战场的相互叠加和配合的整体战。只有联动同步的作战协同，才能使各作战要素相互协调配合，巧妙运作形成防御合力，为赢得作战最终胜利创造协作环境，作战协同主要发挥横向协调聚合的作用。在各协同要素中，指挥人员与机器系统之间的协同、主战力量与友邻力量之间的协同、进攻作战与防护作战之间的协同最具决定意义，也最有利于发挥大数据在精确协同中的价值作用。

1. 以联动同步的组织领导，协同人机精确配合

随着指挥控制辅助系统日趋智能化，其将在精确作战指挥控制中发挥对作战人员的有力支持辅助作用，应着眼人机协同的关键环节加强组织领导，以联动同步发挥人机配合效用。其推导框架如表6-7所列。

表6-7　协同人机精确配合推导框架

以联动同步的组织领导，协同人机精确配合									
	精确作战计算			智能辅助研判			顺畅人机交互		
基于大数据的精确协同支持	调用计算模型量化敌方攻击力和防御力需求	调用评估模型对敌我毁伤报告进行评估	调用预测模型测算敌我后续作战能力	综合目标识别、行动迹象和用兵规律判断	对敌规划进攻路径，对应划设防御点位	关联敌方路径与我方目标分布框定敌企图，提示拦截点位	将环境信息转化为人员认知	将人脑作战设计转化为机器语言	将人员意图转化为武器参数和系统指令
联合防空反导作战精确协同	敌方空袭兵力、我方防御力量运用	敌方兵力毁伤效果、我方遭袭受损程度	敌方空袭用兵潜力、我方力量加强需求	敌方空袭发起时机、我方有效反应方式	敌方空袭路线解算、我方防御行动部署	敌方空袭企图、我方防御重心部署	系统从作战环境获得人员认知支持信息	系统与指挥人员知识交换	系统操控武器平台按指挥人员意图行动

（1）精确作战计算。准确快速的作战计算是指挥人员高效指挥的依靠，海量、复杂的作战数据远超人脑处理范畴，必须依靠大数据的强大计算能力提供支持。

指挥控制活动中的作战计算，主要集中在三个方面。一是关于敌方空袭兵力、我方防御力量的运用问题，靠指挥员的主观判断难以精确把握，可通过调用基于大数据的作战计算模型，量化解算敌方来袭目标的作战能力，并以此匹配解算我方需投入的防御兵力，最终转化为对应的我方兵力、装备具体数值。二是关于作战过程中反馈的对敌毁伤情报、我方遭袭受损状况的评估，除敌机被直接击落等少数情况外，多数情况下较难做出精确评价。可通过调用基于大数据的毁伤评估模型，对前方报告的敌我毁伤信息进行定性与定量相结合的战果评估。三是关于敌方发起后续空袭的潜力及我方需加强的兵力计算，依靠人力很难做出精确计算。可通过调用基于大数据的作战预测模型，综合敌兵力出动情况、对应的弹药消耗，以及我方有线、无线监测设备获得的装备弹药完好与可用指数，关联计算敌、我后续作战潜力，保障指挥员调整决心计划。

（2）智能辅助研判。基于丰富的知识库和自适应的推理机的智能辅助系统，不仅在作战筹划决策中发挥重要作用，在作战指挥控制中仍然发挥重要作用。

通常被刻意掩盖但又必须尽力掌握的战场认知，主要包括三方面。一是空袭之敌的行动时机，以及我方应对的有效方式问题，因其高度机密又与我方密切相关，必须综合目标识别、敌方兵力调动和战场机动迹象以及敌方惯常用兵规律等，通过大数据印证、计算和推理，尽可能缩小预测范围，提高应对行动针对性。二是敌方空袭路线的解算及我方设伏、截击行动的部署等问题，不精确的预判可能造成作战实践中的巨大偏差，应借助大数据手段逆向推理，规划敌方行进路径，进而选取有利位置部署我方优势力量，营造"设伏待敌"的有利态势。三是对敌方真实空袭企图或目标的把握，直接影响我方防御重心的部署，无法"容忍"非精确安排。应在关联敌方攻击路径与我方目标分布区域的基础上，通过大数据要素关联和非因果关系推理，框定敌方意图攻击目标，进而对我方力量做出有针对性部署，提高防护有效性。

（3）顺畅人机交互。人机交互是环境信息、自然语言与机器语言之间的互通转化，对提高信息利用效率至关重要。

在人–机–环境三者构成的信息流通链路中，机器系统发挥着桥梁纽带作用。首先，情报数据收集系统从战场获取大量数据，通过大数据清洗、降维与挖掘处理，形成指挥人员认知作战急需的支持信息，完成第一次转化。其次，作战系统与指挥人员利用人机交互界面进行知识交换，指挥人员获得支持自身判断的信息，机器系统接收并读取指挥人员意图信息，形成对指挥员决定的"理解"，完成第二次转化。最后，机器系统将指挥人员的意图转化为系统指令和武器参数，面向各类作战指挥平台和武器系统终端定向发布，实现从指挥人员意志到作战系统行动反应的转变，完成第三次转化。大数据技术能解决关键的基础性字段、标准、代码一致化问题，确保人机交互更顺畅。

2. 以联动同步的态势推送，协同友邻精确布势

友邻作战力量之间的精确协同动作，是形成联合防空反导作战合力的基本保证。其推导框架如表6-8所列。

（1）通用态势共享。共享通用态势图，是联合作战力量形成一致战场认知，了解掌握彼此动向，做好动作协同准备的前提。

临战准备阶段，在大量战场侦察和预先力量部署基础上，通过绘制预设战场当前态势图，将经过量化的敌、我目标和兵力等信息标绘于同一态势图上，通过态势数据分发系统，在各级力量之间建立一致的战场认知。接下来，按照

作战协同需要，指挥机关将友邻部队通报的兵力及部署信息标定在通用态势图上，实现与敌、我数据同维度融合，以及友邻协同力量在联合通用态势图上的融合显示。第三，将统一完成的交战区域敌、我、友邻兵力图上标识，以战场通用态势图形式，向所有联合任务部队和协同任务部队同步发布，形成统一、通用和同步的态势认知。

表 6-8　协同友邻精确布势推导框架

以联动同步的态势推送，协同友邻精确布势								
	通用态势共享			实时态势推送			预想态势诱导		
基于大数据的精确协同支持	生成交战区域当前态势	融合友邻态势信息	发布共享通用态势	区分敌我不变、变化信息	智能解算我方新增力量需求	提供目标指示	将构想预案可视化	将预测态势选项化	将期望态势指标化
联合防空反导作战精确协同	匹配敌我目标信息标绘当前敌我分布	按协同需要融入显示友邻力量	形成交战区敌、我、友兵力统一标识	定期发布交战区各方兵力状态	更新我防区内敌方兵力加强	监控向友邻防区转移敌方兵力	阐述我方战前对态势预想	同步研判当前态势走向	推送对态势终态判断

（2）实时态势推送。实时态势图概要展示局部或重点部位（时节）的战场情况，只在需要联合行动的友方部队间快速交互使用。

实时态势图着重突出对变化了的情况的展示，可为友邻部队行动提供更具针对性的参考。一是定期发布交战区域内各方兵力状态，包括敌我兵力数量、位置等信息，为我方参战力量区分战场上不变的基本信息、变化的动态信息提供参考。二是更新显示我方防御区域内敌方兵力的加强（消减）情况，使指挥员通过智能作战计算，快速掌握执行后续任务己方应得到的力量加强或应投入的机动力量，从而为机动战役力量或友邻部队适时抽组对我方实施力量加强提供依据。三是监控从我方战场方向向友邻防区转移的敌方空袭兵力，实时标绘在态势图上并与相关力量交互共享，从而为友邻部队掌控敌情，随时做好应急准备提供线索。

（3）预想态势诱导。态势预想贯穿于作战全过程，对指导相关力量后续行动具有诱导作用。

经过战前筹划决策形成的决心计划对于任务部队仍在一定程度上较为抽象，借助数据可视化技术，将作战构想以可视化图示标绘于数字地图上并对各级共享，以利于各参战力量快速统一认知，尤其是便于友邻部队预先准备后续协同行动。交战过程中，攻、防强弱态势变幻不定，未来战事将向何方向发展，是各级指挥员关注的焦点。在上级与前线指挥人员同步研判当前态势及预期走向基础上，将对未来态势走向的预测以若干选项的方式显示于态势图上，便于协同任务部队沿预测走向跟踪研究，以少走弯路，提高效率。随着战况推进，战局逐步向终态发展，为便于统一各部队节奏，可将预期态势以指标化的形式显示于态势图上，如时间线、位置线等，通过向友邻推送形成清晰预期，将有效提高协同一致效果。

3. 以联动同步的节奏掌控，协同攻防精确衔接

信息化联合防空反导作战是防中有攻、攻中有防、攻防一体的精确作战，掌控联动同步的节奏，可确保攻防作战精确衔接。其推导框架如表6-9所列。

表6-9　协同攻防精确衔接推导框架

以联动同步的节奏掌控，协同攻防精确衔接									
	先期信火一体攻心拒敌			中期抗防结合防守歼敌			后期防反并举震慑制敌		
基于大数据的精确协同支持	分析机载雷达数据开辟安全走廊	合并传导有形无形压力信息	着眼掩护打击需要制造"数据迷雾"	解算抗击作战可消减的敌空袭作战能量	解算防护作战可消减的敌空袭作战能量	解算抗防作战并用可消减的敌空袭作战能量	解算反击作战可消减的敌空袭作战能量	解算防护作战可消减的敌空袭作战能量	解算防反作战并用可消减的敌空袭作战能量
联合防空反导作战精确协同	战斗机航电子战飞机空中接敌	信息压制与武力展示同步威慑敌心	电子战机对敌信息制瘫制盲支援战斗机火力打击	抗击作战为防护作战提供掩护	防护作战为抗击作战消除牵制因素	抗防作战结合实现防御目标安全	反击作战为防护作战消除威胁	防护作战为反击作战消除牵制因素	防反结合抵消敌空袭效用慑退敌人

（1）先期信火一体攻心拒敌。信火作战的主要力量包括战斗机、电子战飞机、网电作战力量及其他支援配合力量，其中战斗机与电子战飞机的协同是联合防空反导作战信火一体作战的主要形式。

在先期空中机动接敌过程中，在距敌较远时需要战斗机为电子战飞机提供空中护航，否则在电子战飞机未进入有效作战线前即有可能被敌方锁定和攻击。这一阶段，战斗机在开启雷达情况下，通过扫描目标空域、捕捉敌机动向为伴飞电子战飞机提供安全提示。作战编队飞临目标空域后进入敌我双方有效作战范围，此时可按预先计划对来犯之敌同步实施信息压制和武力威慑，将我方制造的有形、无形压力聚合释放并传导给敌方，以求对敌方人员造成心理震慑。若威慑失效，需采取打击行动时，电子战飞机启动对敌信息阻塞、瘫痪链路、毁伤电子器件等软杀伤，对敌制瘫制盲或释放"数据迷雾"，以支援掩护战斗机实施火力打击，达成信火一体攻心驱敌效果。

（2）中期抗防结合防守歼敌。在敌我双方"短兵相接"的正面交火阶段，采取抗防结合、防守为主作战是攻防结合的有效形式。

尽管这一阶段双方大规模交火，较难精确掌控作战形势，但搞好抗防协同仍可争取较佳效益。首先，抗击作战可为防护作战提供掩护，利用大数据计算模型解算抗击作战消减的敌方空袭作战能量，可换算成防护作战压力削减值，便于其更精确调整部署防护力量。第二，通过实施有效的防护作战，利用大数据计算模型解算防护作战可消减的敌方空袭作战能量，进而换算成抗击作战可消减的防御压力值，可降低其所受牵制因素以使抗击火力得到更大发挥。第三，利用大数据计算模型解算所采取的抗击作战、防护作战可消减的敌方空袭作战能量，可换算成防御目标可获得的安全系数，最终通过安全阈值约束来调控所应采取的抗击、防护作战部署，实现作战的精确量化控制。

（3）后期防反并举震慑制敌。经过先期对抗和中期大规模作战，突破我防御部署的敌机及弹药大幅减少，在防御目标所受威胁减轻的情况下，适时发起反击作战，将达到消除敌方作战潜力震慑制敌的目的。

与中期抗防协同作战相似，在后期敌方空袭威胁大为减轻的情况下，采取防反协同作战方式将有效提高作战效益。首先，反击作战以打击敌纵深内的体系要害为目标，通过解算其可消减的敌方空袭作战能量，可换算成防护作战可消除的威胁值，进而掌握己方力量仍需加强或减少的规模。其次，防护作战的实施也可解算成可消减的敌空袭作战能量，进而转化为反击作战可消除的牵制因素值，因而可释放更多力量投入对敌反击作战。最后，通过解算攻、防协同作战可消减的敌空袭作战能量，融合转化为防御目标可消除的威胁度，在对可接受的威胁度做出限定的情况下，攻防作战的最大化运用，将抵消敌方空袭预期效果，迫使其因空袭计划难以达成目的而主动退却。

五、基于大数据的联合防空反导作战指挥控制实践应把握的问题

联合防空反导作战指挥控制的高精确性、并发性，决定了联合防空反导作战必须实施精确指挥控制。解决精确作战指挥控制的思路举措有很多，从大数据的视角研究联合防空反导作战精确指挥控制实践，具有较高的契合度、可行性和启发意义。

（一）组建精干高效指挥机构，为精确指挥控制提供结构力

1. 上级对下级的垂直直达式指挥控制

实施上级对下级的垂直直达式指挥控制，根本上是由联合防空反导作战指挥控制的极端重要性和过程短促性决定的。为指导下级准确理解上级意图并正确操作执行，同时确保在战机稍纵即逝的作战指挥控制过程中反应快、无失误，要求上级必须对下级的指挥控制活动保持高度关注，与此同时针对敌方可能发起的体系毁瘫作战，要求上级要在下级丧失能力情况下接替指挥控制职权。建立上下垂直直达的指挥关系，应着重建立指令通报功能、视频语音对讲功能、态势与数据可视化推送共享功能等。

2. 平级指挥控制机构之间自主式协同

由于联合防空反导作战突出的并发性，使各平级作战力量之间的沟通、协作、跟踪和评价大幅增加，依靠传统的机械、固化式协同根本无法保证在紧张的交战过程中发起有效协同行动，因此必须建立平级指挥机构之间的自主式协同机制，即任何一方若需与体系内的其他成员进行协同，只需一次"握手协议"① 即可建立对话，并可就相互协同的事项、范围、程度等的沟通协作保持较高自由度，如同"办公室里与同事对话只需敲一下墙板"一样简单。自主式协同需要一系列规则做保证，是实现联合作战指挥控制机构并行同步指挥用兵的必备条件。

3. 指挥机构跨平台控制武器无缝直达

对武器装备进行跨平台的无缝直达式控制，是"从传感器到射手无缝贯通"的互联、互通、互操作的必然要求。联合防空反导力量在执行任务行动中，极有可能出现遇到好的时机，却没有适用的武器进行打击的情况，因此实现指挥控制机构跨平台的无缝直达式武器控制就成为共性需求。实现这一功能，必须健全和发挥作战数据链的联动效益，配套严格的身份认证机制和标准化的指挥控制命令表单，使从指挥员到单兵的能动实体在可信任环境下，均能从射击有利角度出发，以调阅"商品清单"形式查看武器装备或以"点选菜单"方式输入武器发射控制指令。

（二）确定灵活管用指挥方式，为精确指挥控制提供机制力

1. 培养基于数据指挥控制思维

基于数据的指挥控制思维，是从数据视角认识问题，从数据视角寻找证

---

① 即通信系统之间进行信息互传之前建立联系的机制。

据，从数据视角推证和建立逻辑，从数据视角采取行动以及从数据视角构设约束条件的系统化、数据化思想。培养和树立基于数据指挥控制的思维，是适应大数据时代"万物互联"的"数字化世界"要求，满足联合防空反导作战精确指挥控制的必然选择。

2. 大数据反馈融合运用的全流程生态

构建大数据全流程生态的背景，是战场大数据不以人的意志为转移的持续生成，每一个生态阶段所处的形态都有其特定应用价值，同时也是联合防空反导作战指挥控制全过程无处不用的数据，各个作战单元乃至单兵系统都需要各式各样的数据支持，仅靠集中建立的大数据运算分析中心将难以满足未来日益繁重的大数据保障任务。建立这样的生态流程，重点是在传感器端，也即数据的输入、获取或接收端，着眼单片机或微型计算机的智能化微缩化，将简洁的数据加工处理代码注入传感器芯片中，实现接收即处理，发送即规范，以大大提高数据的流通使用效力。

3. 人机结合式过程监控与效果评估

确保"人在回路"并占据主导地位，是人类社会步入智能化战争时代大多数军事理论研究的关注焦点和认知基点。只有充分发挥人的主观能动性、创造性和感性思维，才能有效克服情感、谋略等机器智能极难跨越的认知鸿沟，同时机器智能辅助系统的引入，也能够帮助人类解决超越传统量级和人体生理极限的数据计算、建模和推理等难题，有利于更加便捷高效地应对持续复杂化和规模急剧扩容的联合防空反导作战指挥控制难题，实现指挥活动与作战需求同步。

（三）运用简便恰当指挥手段，为精确指挥控制提供数据力

1. 建好平时数据实现数据驱动系统

平时数据收集是对数据资源的积累，战时数据获取是对高价值信息的筛查，利用平时数据可获取更多知识或常识，利用战时数据能获取更多证据，很难说哪一种数据更重要。基于大数据的联合防空反导作战指挥控制活动中，获取实时更新的数据具有较便利的条件渠道，而收集基础数据，如作战环境数据等，却没有适用的渠道或机制，同时基于数据驱动的作战指挥控制体系需要全维数据做支撑，平时基础数据的缺失显然是极不完整的并可能埋下巨大隐患。因此，应从各级情报系统建设和数据中心建设入手，分类抓好平时数据积累和战场数据搜集，以确保战时数据充足、可信、可用。

2. 推广便捷化作战计算与态势融合

从前述联合防空反导作战指挥控制的实施过程看，为应对复杂的作战态势和数据结论，时刻需要便捷可获取的作战计算资源和态势融合手段作支撑，这是形成统一的战场实况认知，精确指挥和运用高科技武器装备的前提和保证。推广便捷化的作战计算与态势融合，需要在各级指挥机构的自动化平台上集成应用面向大数据的作战计算和态势融合处理软件，以保证可随时满足指挥控制活动需求，同时又不使大型分布式作战计算——态势融合显示系统因过度频繁的访问请求而出现性能过载或数据拥塞等情况，并可保证在战时作战辅助系统遭敌毁伤后，各作战单元可依托自身平台系统正常开展指挥作业。

3. 智能化战法运用与辅助手段集成

智能化的情况分析、趋势研判和战法选择运用，是在紧张频密的联合防空反导作战指挥控制活动中最常用到的作战辅助手段，其可靠、可用和智能化水平的高低直接或间接影响作战指挥控制的水平和质量。加强智能化战法运用与智能辅助手段集成，应在平时加强战法研练、模型设计和专家研讨，形成尽可能丰富适用的战法库、决策库、方法库等智能辅助体，同时着眼人工智能技术的加速实战化运用，将成熟可控的智能系统引入战场态势分析、趋势判断等活动中，形成成型固化的推理机，进而向一体化联合防空反导作战指挥控制系统整合集成，逐步提高指挥控制辅助系统的智能化水平。

第七章　联合防空反导作战大数据指挥 SWOT 对策分析

联合防空反导作战大数据指挥，是在基于传统指挥手段的防空、反导作战从分离走向一体联合，并融合运用大数据资源和技术解决联合态势认知、联合筹划决策、联合指挥控制等问题，以期获得全维态势认知优势、智能筹划决策优势、精确指挥控制优势的过程。指挥活动涉及空间范围广、内外部因素多、关系作用复杂、重要性突出，在追求预期作战效益的同时，也应统筹各种隐含的风险问题，重视解决实战运用中的矛盾困难，采取有针对性的对策举措，抓好基本条件建设和关键问题解决。利用经典分析模型进行联合防空反导作战大数据指挥对策研究，是其系统性、科学性和有效性的根本保证，[①] 其中 SWOT 分析法具有显著的结构化、系统性和对策性特征，能够将问题"诊断"和"开处方"紧密结合起来，对本问题的研究具有较强适用性。

一、SWOT 分析法简介

（一）SWOT 分析法概述

SWOT 分析法，也称态势分析法，由旧金山大学 H. Weihrich 教授于 20 世纪 80 年代初提出，并被麦肯锡咨询公司首先采用，用以在制定发展战略、计划及对策时做系统分析。它主要借助调查研究，列举出对象的内部优势（Strength，S）、内部劣势（Weakness，W）、外部机遇（Opportunity，O）、外部威胁（Threats，T），按照系统分析思想将各要素匹配关联，以求最大化利用内部优势（S）和外部机遇（O），并使内部劣势（W）和外部威胁（T）降

[①] 国内研究的主要方法有逻辑分析法、系统分析法、比较分析法等，国外研究的主要方法是 Delphi Method、Brain Storming Method、PEST Method、SWOT Analysis 等。比较看，国内的研究法适宜做总体性研究，但主观性强，偏重于定性分析，国外的研究方法较为具体，偏重于定量或定量与定性相结合的分析，但其适用范围有限，常需对结论做出修正。

到最低，以此构建起关系矩阵并形成策略空间，根据选取的策略及其直接对应、非直接对应的对策项进行融合分析，最终解析出综合性、结论性的对策举措。

（二）SWOT分析法内涵机理

SWOT分析法建立在对研究对象密切相关的各种内部组织优势、劣势，以及外部环境机遇、威胁逐项分析和关联匹配的基础上，是一种考虑全面、条理清晰、便于检验的系统思维，其分析架构如图7-1所示。运用SWOT分析法，可使决策者能对组织本身有切合实际的全面认识，避免忽视现实、盲目决策，同时又能使其对外部复杂环境有充分认知，避免因循守旧、一厢情愿。通过要素配对及关联分析形成的策略空间，既能提供多种类型的策略以供选择，同时针对每种策略还能形成多重对策。最后，根据所选取的策略，将与其直接相关的对策项、非直接相关的对策项做综合分析，可形成对指导联合防空反导作战大数据指挥实践具有较强针对性的对策举措。运用SWOT分析法的关键是要素配对关联和策略空间解析，通过系统内部、外部多重要素的普遍联系分析，能较好发挥内部优势，克服自身不足，把握外在机遇，消除潜在威胁，增强体系运行的可行性、可靠性。

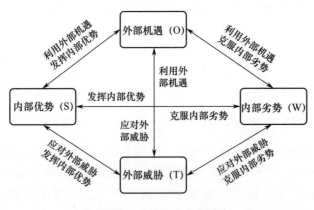

图7-1　SWOT分析架构

（三）SWOT分析法与联合防空反导作战大数据指挥研究

实施基于大数据的联合防空反导作战指挥，是新时代我军联合作战顺应世界军事变革潮流，适应大数据时代技术条件，加快新军事斗争准备和战斗力生成的内在规律、客观要求与必然选择。相关研究可以从战法理论角度、指挥方法手段或平台角度、武器装备建设运用角度等多重视角进行，而从作战大数据的采集、处理和运用角度，着眼多源多模巨量数据一体分析、多元力量一体运用、多样行动一体组织、多种目标一体防御进行研究，是联合防空反导作战指挥内部条件、外部环境与客观要求紧密结合的有效办法。联合防空反导作战大数据指挥关注的核心问题是态势认知、筹划决策和指挥控制三方面，在大数据条件下，某一方面目标的实现、效果的达成或优势的获得，均建立在对整个作战体系内部优势、劣势，外部机遇、威胁的对照分析和关联制衡上，各种要素相互关联作用复杂，其正符合 SWOT 分析法的运用特点。运用SWOT 分析法进行联合防空反导作战大数据指挥对策措施研究，是一种考虑过去、立足当前、着眼未来、系统分析的思维方法，具有较高的契合度、适用性和可行性。

二、联合防空反导作战大数据指挥的内部优势（S）

（一）内部优势 S1

态势认知的内部优势：基于数据作战的理念确立，装备数字化程度提高，大数据条件下的联合防空反导作战态势认知已具备边缘条件。

党的十九大报告指出，我军正加快由半机械化、机械化向信息化过渡。现代战争的精确作战理念，特别是世纪初的几场信息化局部战争和近期大量局部军事冲突中的大国作战实践，使依靠前沿信息技术打赢现代化战争的观念深入人心。信息来源于数据，随着基于数据作战理念的确立，特别是数字化武器装备整体升级换代，以及信息化部队指挥员、参谋人员和一线战斗员科技素养的提升，会用数字化装备、敢用信息化手段、能执行信息化作战任务正成为网络化防空反导作战一线模块化部队战备、训练和演习活动的新常态，使实现基于大数据的联合防空反导作战全维态势认知具备了边缘条件。[①]

（二）内部优势 S2

筹划决策的内部优势：各级联指成立，指挥和战法创新活力释放，大数据

---

① 边缘条件，网络化作战术语，指执行相应作战行动的末端实体在网络化体系中处于边缘而非中心位置的节点。

条件下的联合防空反导作战筹划决策获得体制驱动。

成立两级联合作战指挥机构是我军作战指挥与领导管理体制改革的标志性成果。两级联指的成立，使专司主营作战指挥职权的机构作为实体确立起来，为实施上下级平行联动、同步筹划的指挥决策活动提供了现实依托。功能拉动需求，新的联合防空反导作战指挥机构及相关体制机制的应运而生，带来指挥和战法创新活力的全面释放，由此造成对手研究、情报研究、战例研究、战法研究、自动化指挥决策和智能化辅助手段研究、军事大数据技术和算法研究的整体推进和加速突破，使基于大数据的联合防空反导作战筹划决策获得体制驱动、理论驱动、技术驱动和实践驱动，数据化、智能化作战筹划决策有望实现突破。

（三）内部优势 S3

指挥控制的内部优势：战场条件建设日趋完善，跨军兵种联演联训成为新常态，基于战场反馈大数据的精确指挥控制具备条件基础。

战场条件建设即预设作战指挥基础设施，为实施联合防空反导作战提供条件支撑。光纤通信骨干网、栅格化加密通信网络基础设施、战术数据链，太空侦察预警卫星网、平流层浮空监视预警雷达网、岸基远程预警雷达网、地面或水下侦听观测哨网等的建设，正在逐步完善的分布式作战数据处理中心等战场基础条件，为全天候战场监视预警、交战过程中实时观察反馈、多军兵种力量实时接入作战体系、多功能模块化部队灵活编组提供了支撑和保障。近年来我军多军种联合、大跨度、基地化实战演训成为主流，对联合作战力量实施联合指挥控制、跨层级协同配合、复杂地（海、空）域实战化对抗、逼真电磁环境下信火一体攻防作战成为重点，基于数据反馈的精确指挥控制逐渐具备数据积累和经验实践基础。

三、联合防空反导作战大数据指挥的内部劣势（W）

（一）内部劣势 W1

态势认知的内部劣势：核心大数据设施不完善，多样化情报系统互联互通不畅，基于大数据的联合防空反导作战态势认知急需弥合缝隙。

受各方面条件限制，支撑我军联合作战体系运转的核心大数据设施建设还较为滞后，主要表现为基础数据不标准、不精确、实时性和可用性差，各类作战单元情报系统的数据互联互通共享程度低，支撑大规模数据存储、处理、分析和计算的情报大数据中心与云计算平台功能水平距离有效支持公共情报产品服务和个性化情报需求还有实质性差距，基于大数据的联合防空反导作战态势认知还存在系统缝隙。近年来全军性作战数据中心建设正有序推进，军种性及区域性社会大数据中心建设进入集中爆发期，制约情报大数据处理和联合作战态势认知的大数据难题预期将逐步缓解。

（二）内部劣势 W2

筹划决策的内部劣势：筹划决策体系正由树状垂直结构向网状平行结构转换，配套辅助手段建设仍然滞后，大数据条件下的联合防空反导作战智能筹划决策水平较低。

未来战场是以全面感知、智能决策、精准行动为主导的体系化较量战争舞台。树状筹划决策体系是在战场网络资源不足，合成化部队横向互动较少的情况下产生的，难以适应信息化战场强调横向、纵向信息交互和行动联动的要求。随着自上而下的联合作战指挥体系确立及关系理顺，作战筹划决策体系正在向网状化、分布化、平行交互模式转换，与此同时也存在配套辅助手段缺乏、智能筹划决策辅助系统功能不成熟不完善等问题，特别是一体联网的同步联动式筹划决策和作战单元自适应式智能辅助手段还远未达到联合防空反导作战智能筹划决策要求的水平。

（三）内部劣势 W3

指挥控制的内部劣势：一体化指挥控制系统跨军兵种作战平台的互操作性差距较大，贯通"传感器"到"射手"的精确指挥控制急需打破数据交互"瓶颈"。

跨军兵种作战平台的一体化行动指挥和火力控制是联合防空反导作战指挥必须实现的跨越。美国陆军综合战场指挥控制系统（Intetrated Battlefield Control System，IBCS）已基本研发定型并有效解决了跨军兵种和作战平台的联合防空反导作战指挥难题，我陆军新型防空旅也已全面换型升级新一代一体化指挥信息系统，但跨距离作战平台指挥控制尚有差距。一是情报互通共享有差距；二是联合研判共享实时态势还有差距；三是跨平台共用指令操控武器装备以及适时调整转接指挥职权的机制还不配套，贯通"传感器"到"射手"实施精确指挥控制亟待打破"瓶颈"。

四、联合防空反导作战大数据指挥的外部机遇（O）

（一）外部机遇 O1

态势认知的外部机遇：情报获取手段极大丰富，实战化大数据应用加快成熟，大数据条件下的联合防空反导作战态势认知逼近由量变向质变跃升的"跃阶"。

情报数据是态势认知的资源，大数据处理技术是态势认知的动能，全维立体的预警监视和传感器网络使各种渠道获取的情报资源极大丰富，为综合分析印证态势提供了可能，国内外日益成熟的大数据实战化应用，特别是国家层面的"大数据发展战略"等为联合防空反导作战态势认知提供了全方位支撑。随着基础条件建设渐次完善，方法理论研究逐步清晰定型，局部实战化运用和战备值班实践逐步推开，基于大数据的联合防空反导作战态势认知条件日趋成熟，接近由量变向质变跃升的"跃阶"。

（二）外部机遇 O2

筹划决策的外部机遇：基于大数据的智能化加快应用，军事大国的理论牵引和局部实战检验提供范本，军民融合推进联合防空反导作战智能筹划决策环境友好。

大数据堪称人工智能的"地基"和"头脑"，两者的相互促进共同提高推动智能化作战加速到来。近年来各军事大国纷纷加大智能作战系统的研发投入和实战化应用，超级互联网"巨头"如 Google、微软、DeepMind、Facebook 等，以及军工体复合如 DARPA、波士顿动力等纷纷"抢滩登陆"军事大数据应用和人工智能开发领域，为实施基于大数据的联合防空反导作战智能筹划决策营造了友好环境。随着"军民融合发展"上升为国家战略，借鉴发达国家模式，实质性研发、投入和应用智能技术，是未来联合防空反导作战智能筹划决策的必经之路。

（三）外部机遇 O3

指挥控制的外部机遇：我方军力稳步增长掌握反介入/区域拒止能力，敌方作战成本上升和我方防御纵深拓展使联合防空反导作战精确指挥控制获得正向加强。

长期以来，我国面临的主要军事威胁来自海上。敌方实施空袭作战，必主要依托陆基机动发射平台（战术弹道导弹）、海基发射平台、海军舰载或空军航空兵实施[1]。随着我方空军航空兵远航战巡能力、海军舰艇编队中远海作战能力和陆军防空兵联合作战能力全面提升，配合多军兵种实战化联演联训、海空作战力量前出陌生海空域适应性训练频次逐年加大，强敌已较难对我方构成近海或临空军事威胁，我方基本具备反介入/区域拒止作战能力。我方积极防御军事战略相关部署及敌我力量对比向对我方有利方向转化，使敌方战略进攻力量逐次后撤，为我方腾出较大防御纵深空间，进一步有利于我方联合防空反导作战力量依托立体空（海）情大数据实施精确作战指挥控制。

五、联合防空反导作战大数据指挥的外部威胁（T）

（一）外部威胁 T1

态势认知的外部威胁：自主可控大数据技术不足，实战条件下的联合防空反导大数据情报保障欠缺，联合防空反导作战态势认知效果有待检验。

2018 年 4 月起美国伙同多国对我国发起全面科技贸易围堵战。对此，习近平主席指出："核心技术靠化缘要不来，关键还得靠自己。"现代信息技术发源于欧美国家，关键基础设施内核均由西方掌握，国际互联网 1 台主根服务器和 12 台辅根服务器有 9 台部署于美国，全球最大导航定位系统 GPS、搜索引擎 Google 均为美国所有，建立在海量网络数据、云计算平台和智能算法基础上的大数据前沿技术亦由西方国家兴起和主导，我方相关创新以引进、吸收、转化为主，面临核心技术受制于人的境况。基于大数据的作战态势认知着

---

[1] 据远望智库 2020 年 7 月撰文分析，美国新版国家安全战略、国防战略以及印太战略均提出将军队建设重点由反恐作战转向大国战争与反恐作战并重，强调在反介入环境中遏制和击败敌军。美国战略与预算评估中心《维持美在远程打击方面战略优势》中设想，未来 B-21 轰炸机可由关岛空军基地、迭戈加西亚基地起飞，分别在恒河河口、日本九州上空进行一次加油，确保 4~5 小时的实际战斗时间，然后以超声速突破空中阻拦网，并联合盟友多方向、多维度发起攻击，同时夺取空间、信息、电磁、空中与海上控制权后再深入纵深打击陆上目标与战争潜力目标。其中，B-21 轰炸机预计将于 2025 年服役，其与 F-35 战斗机、EA-18G 电子战飞机等组成穿透打击编队，利用夜暗条件突防，重点对敌航空与导弹部队的指挥控制中心、一体化防空系统指挥节点、联合作战指挥中心实施第一波次打击，破坏敌防空体系与战场指挥控制链路；尔后由低成本无人机、"战斧"巡航导弹、B-52H、B-1B 防区外轰炸机等对敌防空导弹阵地、部分机场与港口设施实施第二波次打击和空中布雷行动，夺取战场抽空权、封锁敌主战舰艇出港；最后由 B-21 轰炸机、F-35 战斗机等对主要港口、陆上交通枢纽、战略武器与武器装备后勤基地实施打击，同时，海军航空母舰打击大队在盟友海军编队支援掩护下，配合 3~5 支空军穿透打击编队打击敌国航空母舰作战编队，并遂行战略航道封锁作战。

眼运用非精确的全维数据，与传统的基于精确"三情"信息的模式有质的差别，需要从情报理念和情报手段等多方面转型，实战条件下的联合防空反导大数据情报保障尚处探索期，效果有待检验。

（二）外部威胁 T2

筹划决策的外部威胁：联合防空反导作战的整体性强，敌必率先实施体系破击作战，对网络化筹划决策体系的稳定性和边缘节点自主性要求高。

联合防空反导作战是较典型的多军兵种一体联合作战，强调体系贯通。强敌为瓦解破袭我方防御体系，空袭前期必率先实施"软杀伤"与"硬摧毁"一体的破击战，对我方指挥机构生存和战场网络安全威胁大。一是指挥系统核心节点和关键链路可能遭敌先期定向、定点毁伤或网络侵袭，二是骨干预警系统面临敌致瘫致盲威胁，三是指挥决策机构和人员面临"点穴式"打击威胁。确保联合防空反导作战筹划决策稳健可靠，既需要隐蔽配置，增加冗余备份，也需要指挥机构分散化小型化部署，处于边缘节点的作战单元要在断开与上级联络情况下能够自主稳定筹划组织作战。2018 年 4 月 14 日夜，美、英、法联军空袭叙利亚，叙利亚防空部队在空袭期间未做有效应对，空袭过后发射的导弹拦截作用有限，极有可能是遭到了联军强电磁压制和信息诱骗。

（三）外部威胁 T3

指挥控制的外部威胁：敌方加快防空反导系统在我国周边扩散联网，临近空间威胁加大和外围不稳定因素增多使联合防空反导指挥控制面临顾此失彼的风险。

从当前我国周边联合防空反导系统部署及作战实践看，敌方突破我方防御体系的基本思想是，首先在我方周边多点部署防空反导系统并加强一体化联网，尽可能抵消我方反击能力，同时从多个方向发起"饱和攻击"，以耗尽我方体系防御能力，在此基础上综合运用非对称手段实施重点目标打击，以达成"抵消战力""瘫体失能""捣点掏心"目的。近年来，我国周边"宙斯盾"系统、THAAD 系统和"爱国者"系统呈现多点部署逐步联网态势，敌方最新型核动力航空母舰打击群、战略轰炸机编队等调整部署并频繁现身，临近空间高超声速导弹试验提速，以及蓄意制造热点事态等，即敌空袭企图的体现。在我方防空反导体系尚未形成整体与敌对抗能力的情况下，应对当前威胁恐将面临力量不足及顾此失彼等风险，更需依托大数据指挥控制有限防空反导力量实施精确高效作战。

六、联合防空反导作战大数据指挥要素 SWOT 关联分析

SWOT 分析主要对过去、当前和未来趋势做系统性关联分析，前述对基于大数据的联合防空反导作战指挥的内部优势、劣势，外部机遇、威胁分析，正是围绕现实的和可能影响联合防空反导作战指挥的各种因素，从态势认知、筹划决策、指挥控制三个角度的针对性分析。接下来，需要对各种因素进行关联对比，构建形成策略矩阵空间，对联合防空反导作战大数据指挥创新提供对策。

（一）构设要素分析平面空间

对联合防空反导作战指挥内部优势（S）、内部劣势（W）、外部机遇（O）、外部威胁（T）分析，是在同一个研究平面上进行的不同角度分析，其分析结论构成同一坐标系内的四个象限空间，如图7-2所示。

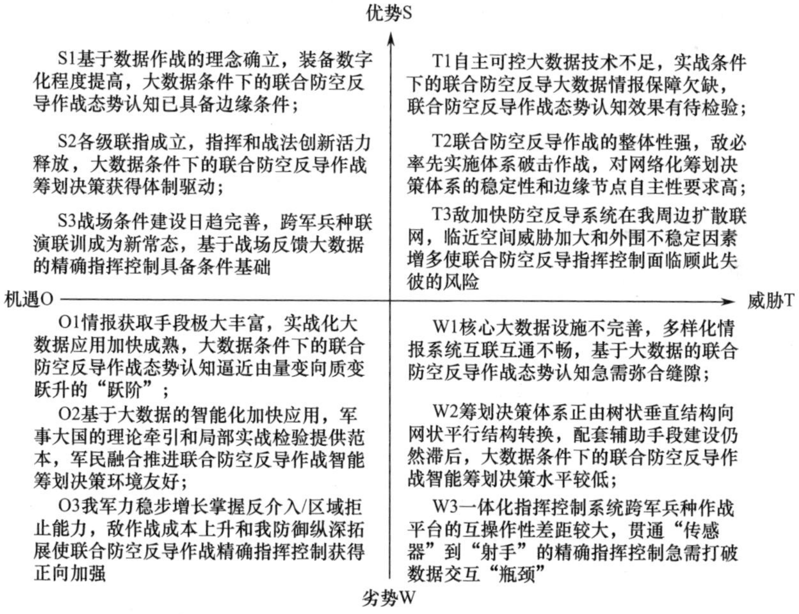

图 7-2　联合防空反导作战大数据指挥要素分析象限空间

（二）配对要素建立关系方案

按照 SWOT 分析法，将内部优势 S、内部劣势 W、外部机遇 O 与外部威胁 T

两两配对，建立基于大数据的联合防空反导作战指挥要素配对关系，如表 7-1 所列。

表 7-1　联合防空反导作战指挥要素配对方案

内　　部		外　　部	
		机遇 O	威胁 T
		外部机遇因素	外部威胁因素
优势 S	内部优势因素	SO 配对 进取型策略	ST 配对 复合型策略
劣势 W	内部劣势因素	WO 配对 扭转型策略	WT 配对 防御型策略

通过内、外部要素两两组合，形成 SO 配对方案、WO 配对方案、ST 配对方案、WT 配对方案等四种配对方案。

SO 方案总体最佳，构成进取型策略，即充分利用基于大数据的联合防空反导作战指挥的内部优势和外部机遇。

WO 方案总体外向，构成扭转型策略，即充分利用基于大数据的联合防空反导作战指挥的外部机遇，克服内部劣势。

ST 方案总体平衡，构成复合型策略，即充分利用基于大数据的联合防空反导作战指挥的内部优势，克服外部威胁。

WT 方案总体保守，构成防御型策略，即全力克服基于大数据的联合防空反导作战指挥面临的内部劣势和外部威胁。

（三）建立策略空间矩阵

SO、WO、ST、WT 四种要素关系配对方案对应形成的策略均着眼于同一研究问题维度内的有利因素最大化和不利因素最小化，在同一空间内构成策略矩阵，如图 7-3 所示。

图 7-3　策略空间矩阵

（四）策略空间解析对策

对策略空间进行对策解析，是对联合防空反导作战大数据指挥创新进行 SWOT 分析的核心。应按照抓住机遇、发挥优势、克服劣势、消除威胁的逻辑进行归纳总结，进而从策略空间解析出不同对策。

由联合防空反导作战大数据指挥的内部优势、内部劣势、外部机遇、外部威胁分析所构成的要素空间可知，S1、W1、O1、T1 是对态势认知活动的分析，S2、W2、O2、T2 是对筹划决策活动的分析，S3、W3、O3、T3 是对指挥控制活动的分析。对要素配对后形成的不同策略进行解析，就是对态势认知、筹划决策、指挥控制活动内部与外部有利、不利因素的关联分析，如 S1 和 O1 配对形成 SO 策略空间（SO）1 对策，而同一指挥活动的内部有利与不利因素或外部有利与不利因素，因在策略空间并不相邻，所以不再对其进行关联分析。

1. SO 配对的进取型策略解析对策

（SO）1 对策：紧紧抓住情报大数据获取手段极大丰富和实战化大数据应用加快成熟的机遇，乘势而上，推动基于数据作战的理念深入人心，用好数字化装备，以边缘实体态势认知能力的提升助推基于大数据的联合防空反导作战态势认知由量变向质变跃升。

（SO）2 对策：重视基于大数据的人工智能突破所带来的革命性影响，在充分吸收借鉴军事大国创新和实践经验的基础上，坚持走军民融合创新发展道路，利用智能作战技术手段激发联合防空反导作战体制机制活力，加快智能筹划决策能力形成。

（SO）3 对策：利用我军与外军力量对比的有利变化和防御纵深的拓展，加快战场条件建设，推进跨军兵种联合防空反导演训，充分利用战场监视手段反馈的实时数据提高联合防空反导作战精确化指挥控制效能。

2. WO 配对的扭转型策略解析对策

（WO）1 对策：抓住实战化大数据应用走向成熟的契机，加快完善核心大数据设施，构建多军兵种一体互联互通情报系统设施，解决日益丰富的情报大数据资源分析处理问题，为基于大数据的联合防空反导作战态势认知提供关键支撑。

（WO）2 对策：抓住与发达国家近乎同步进入智能时代的机遇，发挥军民融合战略巨大优势，充分运用军、地大数据和人工智能技术的突破性成果改造作战筹划决策辅助系统，加快形成网状结构的平行联动式智能作战筹划决策能力。

（WO）3 对策：认清我军整体作战能力提升和战略性防御空间拓展的形势，加紧研发和升级换代大数据支持下的一体化指挥控制系统，形成跨军兵种作战平台的互操作能力，全力突破制约从"传感器"到"射手"无障碍贯通的"瓶颈"。

3. ST 配对的复合型策略解析对策

（ST）1 对策：教育部队树立基于数据作战理念，发挥数字化武器装备作战潜力，开展模拟实战条件下的联合防空反导作战情报保障演训，检验军事大数据技术的实用性、可靠性，为网络边缘作战平台基于大数据的联合防空反导作战态势认知能力提供可验证依据。

（ST）2 对策：重视联合防空反导作战的整体性，重点抓好各级联指中心基于网络的策划决策系统稳定性建设与评估，同时增强任务部队指挥决策机构利用自有信息化手段进行自主筹划决策的能力，确保一体化联合防空反导作战筹划决策系统运行稳定，系统遭袭情况下部队可自主进行筹划决策。

（ST）3 对策：针对不同战略方向联合防空反导作战面临的威胁，科学制定联合训练方案，利用完善的战场条件和跨区军事训练基地，有针对性设置敌情背景，增强基于战场数据反馈的精确指挥控制能力和应对多方向军事威胁的作战能力。

4. WT 配对的防御型策略解析对策

（WT）1 对策：加紧核心大数据基础设施建设，加强多平台情报保障系统互联互通，掌握自主可控核心大数据技术，尽快形成基于大数据的联合防空反导作战态势认知支撑条件，加大实战化条件下的大数据情报保障训练，获得并检验实质性联合防空反导态势认知能力。

（WT）2 对策：着眼联合防空反导作战的高度整体性和强敌实施体系毁瘫作战的严重威胁，改革传统决策模式，加快作战智能筹划决策辅助手段建设，提升作战筹划决策系统的整体稳定性和各级指挥决策机构实施智能筹划决策的能力。

（WT）3 对策：重视研究我国周边防空反导作战系统扩散、联网以及各种不稳定因素增多对我方造成的影响，加强现用一体化指挥控制系统训练应用和基于大数据支持的精确指挥控制平台研发，着重突破跨军兵种作战平台的武器装备互操作能力，使我方获得快速反应和精准防御多种空袭威胁的能力。

（五）形成 SWOT 分析对策表

基于以上分析结论，融合联合防空反导作战指挥活动各内外部因素、对应的关系策略及其对策内涵，形成矩阵结构的 SWOT 分析对策表，如表 7-2 所列。

表 7-2 SWOT 分析对策表

外部因素	外部机遇（O）	外部威胁（T）
内部因素	O1 情报获取手段极大丰富，实战化大数据应用加快成熟，大数据条件下的联合防空反导作战态势认知逼近由量变向质变跃升的"跃阶"； O2 基于大数据的智能化加快应用，军事大国的理论牵引和局部实战检验提供范本，军民融合推进联合防空反导作战智能筹划决策环境友好； O3 我军力稳步增长掌握反介入/区域拒止能力，敌作战成本上升和我防御纵深拓展使联合防空反导作战精确指挥控制获得正向加强	T1 自主可控大数据技术不足，实战条件下的联合防空反导大数据情报保障欠缺，联合防空反导作战态势认知效果有待检验； T2 联合防空反导作战的整体性强，敌必率先实施体系破击作战，对网络化筹划决策体系的稳定性和边缘节点自主性要求高； T3 敌加快防空反导系统在我周边扩散联网，临近空间威胁加大和外围不稳定因素增多使联合防空反导指挥控制面临顾此失彼的风险
内部优势（S）	SO 配对形成的进取型策略	ST 配对形成的复合型策略
S1 基于数据作战的理念确立，装备数字化程度提高，大数据条件下的联合防空反导作战态势认知已具备边缘条件； S2 各级联指成立，指挥和战法创新活力释放，大数据条件下的联合防空反导作战筹划决策获得体制驱动； S3 战场条件建设日趋完善，跨军兵种联演联训成为新常态，基于战场反馈大数据的精确指挥控制具备条件基础	（SO）1 对策：紧紧抓住情报大数据获取手段极大丰富和实战化大数据应用加快成熟的机遇，乘势而上，推动基于数据作战的理念深入人心，用好数字化装备，以边缘实体态势认知能力的提升力助推基于大数据的联合防空反导作战态势认知由量变向质变跃升。 （SO）2 对策：重视基于大数据的人工智能突破所带来的革命性影响，在充分吸收借鉴军事大国创新和实践经验的基础上，坚持走军民融合创新发展道路，利用智能作战技术手段激发联合防空反导作战体制机制活力，加快智能筹划决策能力形成。 （SO）3 对策：利用我军与外军力量对比的有利变化和防御纵深的拓展，加快战场条件建设，推进跨军兵种联合防空反导演训，充分利用战场监视手段反馈的实时数据提高联合防空反导作战精确化指挥控制效能	（ST）1 对策：教育部队树立基于数据作战的理念，发挥数字化武器装备的作战潜力，开展模拟实战条件的联合防空反导作战情报保障演训，检验军事大数据技术的实用性、可靠性，为网络边缘作战平台基于大数据的联合防空反导作战态势认知能力提供可验证依据。 （ST）2 对策：重视联合防空反导作战的整体性，重点抓好各级联指中心基于网络的策划决策系统稳定性建设和评估，同时增强任务部队指挥决策机构利用自有信息化手段进行自主筹划决策的能力，确保一体化联合防空反导作战筹划决策系统运行稳定，系统遭袭情况下部队可自主进行筹划决策。 （ST）3 对策：针对不同战略方向联合防空反导作战面临的威胁，科学制定联合训练方案，利用完善的战场条件和跨区军事训练基地，有针对性设置敌情背景，增强基于战场数据反馈的精确指挥控制能力和应对多方向军事威胁的作战能力

外部因素	外部机遇（O）	外部威胁（T）
内部劣势（W）	WO 配对形成的扭转型策略	WT 配对形成的防御型策略
W1 核心大数据设施不完善，多样化情报系统互联互通不畅，基于大数据的联合防空反导作战态势认知急需弥合缝隙； W2 筹划决策体系正由树状垂直结构向网状平行结构转换，配套辅助手段建设仍然滞后，大数据条件下的联合防空反导作战智能筹划决策水平较低； W3 一体化指挥控制系统跨军兵种作战平台的互操作性差距较大，贯通"传感器"到"射手"的精确指挥控制急需打破数据交互"瓶颈"	（WO）1 对策：抓住实战化大数据应用走向成熟的契机，加快完善核心大数据设施，构建多军兵种一体互联互通情报系统设施，解决日益丰富的情报大数据资源分析处理问题，为基于大数据的联合防空反导作战态势认知提供关键支撑。 （WO）2 对策：抓住与发达国家近乎同步进入智能时代的机遇，发挥军民融合发展战略巨大优势，充分运用军、地大数据和人工智能技术的突破性成果改造作战筹划决策辅助系统，加快形成网状结构的平行联动式智能作战筹划决策能力。 （WO）3 对策：认清我军整体作战能力提升和战略性防御空间拓展的形势，加紧研发和升级换代基于大数据支持的一体化指挥控制系统，形成跨军兵种作战平台的互操作能力，全力突破制约从"传感器"到"射手"无障碍贯通的"瓶颈"	（WT）1 对策：加紧核心大数据基础设施建设，加强多平台情报保障系统互联互通，掌握自主可控核心大数据技术，尽快形成基于大数据的联合防空反导作战态势认知支撑条件，加大实战化条件下的大数据情报保障训练，获得并检验实质性联合防空反导态势认知能力。 （WT）2 对策：着眼联合防空反导作战的高度整体性和强敌实施体系毁瘫作战的严重威胁，改革传统决策模式，加快作战智能筹划决策辅助手段建设，提升作战筹划决策系统的整体稳定性和各级指挥决策机构实施智能筹划决策的能力。 （WT）3 对策：突出我国周边防空反导作战系统扩散、联网以及各种不稳定因素增多对我方造成影响的研究，加强现用一体化指挥控制系统训练应用和基于大数据支持的精确指挥控制平台研发，着重突破跨军兵种作战平台的武器装备互操作能力，使我方获得快速反应和精准防御多种空袭威胁的能力

七、联合防空反导作战大数据指挥创新对策建议

由策略空间矩阵构成可知，联合防空反导作战大数据指挥 SWOT 分析形成 4 种类型的策略，分别是 WT 配对形成的防御型策略、ST 配对形成的复合型策略、WO 配对形成的扭转型策略和 SO 配对形成的进取型策略。4 种策略系统对照分析了联合防空反导作战大数据指挥在近期、中期、远期和长期阶段应着重研究解决的问题，利用策略与对策间的直接对应、非直接对应关系，析出近期性对策、中期性对策、远期性对策和长期性对策。最后，按照由近期到远期，由防御型策略到进取型策略的顺序做出阶段划分，还原、凝炼并最终提出

相应对策建议，为联合防空反导作战大数据指挥创新实践提供思路举措，对应转化关系如图7-4所示。

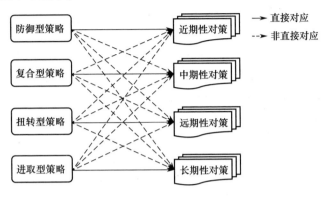

图7-4　策略与对策对应转化关系

（一）近期防御型对策

基于大数据的联合防空反导作战全维态势认知对策：掌握自主可控核心大数据技术，加快核心大数据基础设施和应用系统建设，推进覆盖各军兵种、跨作战平台的情报保障系统互联互通，加大实战化大数据情报保障训练，为基于大数据的联合防空反导作战态势认知提供稳固的基础支撑。

基于大数据的联合防空反导作战智能筹划决策对策：着眼联合防空反导作战的整体联动性及所面临的强敌可能实施体系毁瘫作战造成的威胁，推进传统作战筹划决策模式转型，规划分布式智能筹划决策辅助系统建设，针对联合防空反导作战的发展趋势加快完善作战筹划决策预案建设、指挥员与辅助决策系统的人–机合练、跨指挥决策层级的异地同步式筹划决策能力训练等，提升战备水平和实战运用能力。

基于大数据的联合防空反导作战精确指挥控制对策：着眼我国周边防空反导武器系统加速扩散联网以及多样化不稳定因素多点爆发等挑战，加强针对性系统、装备、战法建设的顶层设计，革新各军兵种防空、反导作战一体化指挥控制系统应用和基于大数据的精确指挥控制能力训练，发挥全维态势认知和智能筹划决策优势，实质性提升联合防空反导作战指挥控制水平。

（二）中期复合型对策

基于大数据的联合防空反导作战全维态势认知对策：通过示范观摩和教育培训等，树立和增强部队基于数据指挥作战的理念，加紧专业化大数据情报保障力量建设，完善联合防空反导作战理论、装备、战法、战例、演训和模拟数据的建设、储备与应用，加快各级各类情报大数据中心的功能集成和实践运用，配套完善基于大数据的作战态势认知相关制度机制，提供各方面有利的环境支持。

基于大数据的联合防空反导作战智能筹划决策对策：抓好各级联指中心一体联网环境下智能策划决策辅助系统建设和可靠性评估，通过战备和实战化训练任务牵引基于大数据的智能作战筹划决策系统研发和实践运用，增强模块化部队指挥机构利用既设信息化手段自主筹划决策能力，实质性提升联合防空反导作战一体化筹划决策、分布式自主筹划决策能力。

基于大数据的联合防空反导作战精确指挥控制对策：针对不同战略方向部队担负的联合防空反导职能任务，尽快形成各级联指中心精确直达式指挥控制能力，利用日趋完善的联合战场环境和综合化实战训练基地，着眼于强敌作战设置情况背景，着重演练提升网联各战场空间的一体化指挥平台跨系统、跨平台、跨武器单元指挥控制各类防空反导作战力量和武器装备的能力。

(三) 远期扭转型对策

基于大数据的联合防空反导作战全维态势认知对策：抓住联合作战情报大数据极大丰富和实战化大数据应用加快成熟的机遇，推进实施多军兵种联演、联训活动中基于大数据的联合战场态势认知实践，以构设贴近实战的数据信息对抗环境为着眼建设专业化、智能化蓝军力量，检验、验证和完善基于大数据的情报态势认知系统。

基于大数据的联合防空反导作战智能筹划决策对策：抓住与发达国家同步进入智能化 2.0 时代的机遇和国家推进实施军民融合发展战略的优势①，提升核心智能技术、体系化软硬件平台、基础性和专业性算法模型的智能化水平和实用化效能，以战场骨干网络和开放式随遇接入云环境为依托，推动各防空反导力量指挥决策机构构设以人–机结合为主体、以"网上虚拟同步研讨厅"为主要形式的智能筹划决策模式。

基于大数据的联合防空反导作战精确指挥控制对策：着眼我军全面机械化和高水平信息化时代同步到来，完善覆盖各类射程、各种速度、各维高度、各型毁伤机理的联合防空反导武器装备体系，构建标准统一、接口一致、数据互通的战场监视反馈系统、指挥控制大数据支持系统和多军兵种一体化作战平

---

① 国际人工智能研究领域基本认同目前以 Alpha 系列为代表的人工智能发展正处于由 1.0 版本向 2.0 版本过渡的阶段，预计未来 5~10 年人类社会将进入自主智能、强智能的智能化 2.0 时代。

台，基本实现跨军兵种和武器平台的联合防空反导作战指挥互联互通互操作能力。

（四）长期进取型对策

基于大数据的联合防空反导作战全维态势认知对策：抓住军事大数据应用发展成熟定型的契机，全面提升支撑联合防空反导作战全维态势认知的大数据算法、模型、和平台建设水平，实现与战场传感器网络、一体化指挥平台和智能化武器装备无缝对接，同步提升对敌基于大数据的战场态势认知系统的压制、毁伤、反制能力，实现我军基于大数据的联合防空反导作战态势认知系统全面专业化、自主化、实战化。

基于大数据的联合防空反导作战智能筹划决策对策：充分运用大数据、人工智能发展的突破性、系统性成果，在适当借鉴外军实践经验基础上，严格按照作战法规条令执行多军兵种联合防空反导作战建设、战备与实践基于大数据的智能筹划决策，不断完善提高筹划决策辅助系统的智能化程度和自主化水平，充分满足联合防空反导作战对智能筹划决策的高要求。

基于大数据的联合防空反导作战精确指挥控制对策：针对主要对手与我国力、军力对比整体形势向对我方有利方向转化以及我方防御纵深不断拓展的实际，前推我方联合防空反导作战威慑能力部署和行动范围，深度融合大数据实战化运用最新成果，提升一体化指挥控制系统的精确性、自主性和稳定性，确保边缘性作战单元既可嵌入全局体系形成一体化作战能力，又可在指挥链路遭袭毁瘫或无上级支持的情况下独立自主担负作战指挥职能。

后　记

我军联合作战新体制下，联合防空反导作战被确立为联合作战基本样式之一。党的"十八大"报告将"大数据发展战略"上升为国家战略，实施基于大数据的联合防空反导作战指挥，既是制胜联合防空反导战场的客观需要，也是融合运用前沿科技助力联合作战的必然选择，更是与军事强国同台竞争大数据应用"制高点"的重要契机。深化联合防空反导作战大数据指挥创新研究，是推动大数据应用落地和联合防空反导作战指挥走向成熟的紧迫需要。

本书在论证需求、规划重点和拓展思路基础上，分析了联合防空反导作战发展现状和未来趋势，描述和界定了联合防空反导作战指挥的内容及概念，提炼了基于大数据指挥的本质内涵，重点研究了基于大数据的联合防空反导作战态势认知、筹划决策和指挥控制。主要实现三个创新点：一是构想设计了基于大数据的联合防空反导作战全维态势认知。定义全维态势认知的本质内涵，分析联合防空反导作战面临的态势难题和实现全维态势认知的价值，综合运用主流大数据技术构建了全维态势认知支撑环境，抓住态势感知、态势认识、态势预判三个核心论证了基于大数据的联合防空反导作战全维态势认知。二是构想设计了基于大数据的联合防空反导作战智能筹划决策。辨析智能筹划决策概念特点，梳理联合防空反导作战筹划决策的主要困难、需求和谋求智能筹划决策的必要性，集成支撑智能筹划决策的大数据环境，突出智能筹划、智能决策、智能计划三个阶段论证了基于大数据的联合防空反导作战智能筹划决策。三是构想设计了基于大数据的联合防空反导作战精确指挥控制。揭示精确指挥控制的本质和推进联合防空反导作战精确指挥控制的现实必要性，构设支撑精确指挥控制的大数据环境，从精确行动指挥、精确过程控制、精确动作协同三个角度阐明了实现联合防空反导作战精确指挥控制的可行性与基本路径。

全书研究贯穿联合防空反导、作战指挥、大数据三条主线，属于跨领域、跨学科、跨层次的横断性学术问题。鉴于当前世界联合防空反导作战尚处于磨合推进期，我军新的作战指挥和领导管理体制下新旧指挥理论正经历交替转换上升期，大数据创新发展正由理论突破向条件落地和实践运用拓展，新理论、新技术、新手段、新方法的研究对知识获取能力和综合驾驭能力提出了较高要求，受研究者自身学术水平及所占有资料匮乏等限制，选题研究的理论准备尚显不足，论证过程不尽严密，内容构思不够"接地气"，还需进一步增强研究的针对性、实用性和可操作性。未来，拟继续跟踪并结合外军、我军联合防空反导作战实践和大数据实战化运用最新成果，推动联合防空反导作战大数据指挥概念定型、内涵清晰、支撑条件完善和实践运用成熟，为大数据、人工智能等前沿技术实战运用和联合防空反导作战指挥创新贡献智慧和力量。

参 考 文 献

[1] 全军军事术语管理委员会，军事科学院. 中国人民解放军军语 [S]. 北京：军事科学出版社，2011.

[2] 刘凤成，李万胜. 常用军事术语选编 [S]. 郑州：防空兵指挥学院，2006.

[3] 全军军事术语管理委员会，空军军语管理委员会. 中国人民解放军空军军语 [S]. 北京：蓝天出版社，2012.

[4] 吴如嵩. 孙子兵法新说 [M]. 北京：解放军出版社，2008.

[5] 肖天亮. 战略学 [M]. 北京：国防大学出版社，2015.

[6] 路建伟. 军事系统科学导论 [M]. 北京：军事科学出版社，2007.

[7] 孙儒凌. 作战指挥基础概论 [M]. 北京：国防大学出版社，2011.

[8] 马平. 联合作战研究 [M]. 北京：国防工业出版社，2013.

[9] 周晓宇. 联合作战概论 [M]. 沈阳：白山出版社，2010.

[10] 任海泉. 孰执龙头——一体化联合作战指挥研究 [M]. 北京：国防大学出版社，2006.

[11] 关永豪，张华君. 美军一体化联合作战理论研究 [M]. 北京：解放军出版社，2006.

[12] 郭武君. 联合作战基本问题研究 [R]. 北京：国防大学训练部，2015.

[13] 吴振锋，赵存如. 强军战略工程与军事系统工程 [C]. 北京：兵器工业出版社，2016.

[14] 中共中央网络安全和信息化委员会办公室. 2016 年世界互联网发展乌镇报告 [R]. 北京：中共中央网络安全和信息化委员会，2016.

[15] 王凤山. 现代防空学 [M]. 北京：航空工业出版社，2008.

[16] 张忠阳，张维刚，等. 防空反导导弹 [M]. 北京：国防工业出版社，2012.

[17] 乔忠伟，白俊海. 陆军防空反导作战研究 [M]. 北京：海潮出版社，2014.

[18] 陈杰生. 空天防御作战体系研究 [M]. 北京：军事科学出版社，2015.

[19] 姜永伟，许征. 俄罗斯首都地区与四大战区防空反导发展访谈录 [J]. 地面防空武器，2013 (6)：9-12.

[20] 陈建成，赵云. 战区防空反导体系建设问题探析 [J]. 射击学报，2015 (2)：27-28.

[21] 陈崴，高雁翎. 国外防空反导系统新进展 [J]. 战术导弹技术，2015 (6)：3-10.

[22] 电子工程学院训练部. 防空反导 (一) [J]. 信息对抗，2016 (2).

[23] 电子工程学院训练部. 防空反导 (二) [J]. 信息对抗，2016 (3).

[24] 孙亚力. 2015 年世界防空反导力量发展动态 [J]. 地面防空武器，2016 (3)：5-13.

[25] 冬雪，张梦滟. 2015 年世界防空反导装备发展综述 [J]. 地面防空武器，2016 (4)：20-27.

[26] 冬雪. 2014 年世界防空反导发展综述 [J]. 地面防空武器，2015：1-7.

[27] 周伟. 亚太反导背景下的以色列身影 [J]. 兵工科技，2016 (10)：46-53.

[28] 张联义. 美军防空反导力量建设与运用趋势 [J]. 防空兵学院学报，2014 (1)：80-81.

[29] 冬雪，周智伟. 2013 年世界防空反导发展综述 [J]. 地面防空武器，2014：1-15.

[30] 冬雪. 2012 年世界防空反导发展综述 [J]. 地面防空武器，2013：1-14.

［31］张青豫，陈军. 拦截巡航导弹成为现代防空反导重要内容 ［J］. 中国空军，2015：59.

［32］田海林，陈战辉. 第四代战机对现有防空系统的威胁及应对策略初探 ［J］. 地面防空武器，2016
（3）：30.

［33］章荣刚. 中国周边的防空反导系统观察 ［J］. 兵工科技，2016（10）：35-41.

［34］姚宏宁，田溯宁. 云计算——大数据时代的系统工程 ［M］. 北京：电子工业出版社，2013.

［35］贾君，程启月. 浅议大数据对指挥信息系统建设的影响 ［J］. 军事问题研究，2014
（7）：27-30.

［36］刘金山，周朝谦，郭连升. "互联网+"时代大数据技术在军事领域的应用 ［J］. 国防科技，
2015（6）：35-36.

［37］康永升. 大数据对美军信息化条件下联合作战的影响 ［J］. 外国军事学术，2012.

［38］段淼毅. 美国"大数据"研发计划情况及启示 ［J］. 数字国防，2012（4）：48-50.

［39］张海翔，李妍. 美军大数据特点及其应对策略 ［J］. 外军电子信息系统，2012（1）：39-43.

［40］邹恒，李妍. 大数据挑战下的美军应对举措 ［J］. 外军电讯动态，2013（2）：18-22.

［41］庄林，沈彬. 美国国防部大数据项目研发与应用 ［J］. 国防科技，2013（3）：20-21.

［42］王青松，丁有源，等. 美军大数据发展简析 ［J］. 装备，2013（10）：60-61.

［43］李纪舟，苏晓娟，等. 美军大数据技术发展分析与启示 ［J］. 现代军事通信，2013，21（2）：
54-58.

［44］李纪舟，叶小新，等. 美军大数据技术发展现状及对其信息作战的影响 ［J］. 外军信息战，2013
（6）：33-36.

［45］栗蔚，魏凯. 大数据的技术、应用和价值变革 ［J］. 电信网技术，2013，7（7）：6-10.

［46］杨清杰，魏兴卓，等. 大数据时代背景下指挥信息系统建设研究 ［J］. 军事通信学术，2013
（1）：12-14.

［47］李小花，李姝. 大数据分析在指挥信息系统中的应用 ［C］. 北京：第二届中国指挥与控制大会
论文集，2014：872-876.

［48］中共中央网络安全和信息化委员会办公室. 2016 年世界互联网发展乌镇报告 ［R］. 北京：中共
中央网络安全和信息化委员会，2016.

［49］姚旺. 着眼有效应对现实威胁大力提高联合防空反导能力 ［J］. 军事，2013（10）：16.

［50］吴美宝，傅涛. 信息化条件下战区联合防空反导作战研究 ［J］. 防空兵学院学报，2013（2）：
40-44.

［51］李春芳，陈建林，巴宏欣. 基于数据驱动的防空反导一体化指挥需求分析 ［J］. 空军军事学术，
2014（2）：28-30.

［52］邵明刚，程启月. 应对大数据挑战强化防空反导一体化建设 ［J］. 国防大学学报，2014（4）：
33-36.

［53］冯伟华，齐泽强. "制数据权"未来防空作战的制高点 ［J］. 现代兵种，2014（3）：28-29.

［54］季军亮，王刚，等. 美俄防空反导网络化作战发展及启示研究 ［J］. 飞航导弹，2015（9）：
17-20.

［55］邢晨，于洋，等. 大数据背景下联合防空作战指挥控制系统建设初探 ［J］. 防空兵学院学报，
2015，32（4）：58-59.

［56］陈霞，李凌昊. 美航母编队防空反导作战指挥体系研究 ［J］. 舰船科学技术，2015（6）：5-7.

［57］陈治湘，耿振余，王玮. 外军防空反导一体化建设分析与启示 ［J］. 空军指挥学院学报，2015

（3）：56-59.

[58] 赵庆丰. 联合防空战役指挥体制研究 [J]. 领航, 2012（5）：26-29.

[59] 张丽霞. 联合防空反导作战指挥应坚持统分结合 [J]. 军事学术, 2014（4）：11-12.

[60] 王守国. 对构建和完善联合防空反导指挥体制的思考 [J]. 军事学术, 2013（6）：31-33.

[61] 侯广华, 邵志平. 战区联合防空战役指挥体制研究 [J]. 空军军事学术, 2015（3）：19-23.

[62] 熊英. 略谈谋略与信息化战争 [J]. 西安陆军学院学报, 2006（8）：18-20.

[63] 张强, 张宏军. 大数据：蕴含信息化战争深层机理 [N]. 解放军报, 2013-4-25（7）.

[64] 任海泉. 深入研究现代作战制胜机理不断创新作战指导 [J]. 军事学术, 2014（1）：6.

[65] 李敏, 李晓军, 等. 大数据对现代战争制胜机理的影响及应对之策 [J]. 二炮军事学术, 2015
（2）：67-69.

[66] 闫振生, 张学辉, 李玉贵. 系统科学视阈下的现代战争制胜机理 [J]. 陆军学术, 2015（6）：7.

[67] 姚青春, 杨义辉. 作战制胜机理的不变与变 [J]. 军事学术, 2016（1）：41-43.

[68] 郭长国, 刘东红. 美国国防部云计算战略 [M]. 北京：兵器工业出版社, 2013.

[69] 邹振宁, 荣希君. 大数据时代作战指挥理论创新研究 [M]. 北京：蓝天出版社, 2014.

[70] 赵勇. 架构大数据——大数据技术及算法解析 [M]. 北京：电子工业出版社, 2015.

[71] 胡志强. 大数据时代的海上指挥与控制 [M]. 北京：电子工业出版社, 2016.

[72] 周苏, 王文. 大数据导论 [M]. 北京：清华大学出版社, 2016.

[73] 王超, 龙飞, 等. 人工智能技术及其军事应用 [M]. 北京：国防工业出版社, 2016.

[74] 刘俊平, 李妍. Hadoop系统成为美国国防部解决大数据问题的主要工具 [J]. 外军电信动态,
2012（5）：34-36.

[75] 蒋盘林. 大数据通用处理平台及其在ISR领域的潜在军事应用 [J]. 通信对抗, 2013, 32（3）：
1-5.

[76] 李建华. 面向体系作战的大数据建设问题研究 [J]. 空军工程大学学报, 2013, 13（3）：
44-46.

[77] 李纪舟, 王宏. 大数据给军队信息化建设带来的影响及对策思考 [J]. 空军通信学术, 2013
（4）：34-36.

[78] 李银松. 非结构化大数据管理系统的设计及其应用案例 [C]. 北京：2014中国数据库技术大
会, 2014.

[79] 张军, 倪颖杰, 等. 大数据计算处理与存储研究综述 [J]. 高性能计算技术, 2014（4）：
30-35.

[80] 宫夏屹, 李伯虎. 大数据平台技术综述 [J]. 系统仿真学报, 2014, 26（3）：489-490.

[81] 李广建, 杨林. 大数据视角下的情报研究与情报研究技术 [J]. 图书与情报, 2012（6）：1-8.

[82] 张翠侠, 薛新华. 大数据背景下军事信息资源多价值挖掘应用技术探讨 [C]. 北京：中国指挥
控制大会论文集, 2013.

[83] 刘莉. "数据——信息——情报"转化理论与实证研究 [D]. 沈阳：东北师范大学学报, 2014.

[84] 宋文明. 基于大数据的反恐情报收集与智能预警系统的设计构想 [J]. 武警学术, 2016（3）：
30-31.

[85] 张林超, 李阳阳, 廖勇. 面向大数据的情报系统初探 [J]. 中国电子科学研究院学报, 2017, 11
（6）.

[86] 郭继光, 黄胜. 基于大数据的军事情报分析与服务系统架构研究 [J]. 中国电子科学研究院学

报，2017，12（4）：390-393.

[87] 化柏林. 大数据环境下的多源融合型竞争情报研究 [J]. 情报理论与实践，2013（11）：31-33.

[88] 李会治，李欣鑫. 陆战场感知能力建设问题初探 [J]. 边防学院学报，2014，38（3）：1-3.

[89] 俞风流. 联合作战中陆战场综合态势图运用问题浅探 [J]. 东南军事学术，2015（4）：25-26.

[90] 邵静，黄强，刘超. 从情报数据共享到情报服务共享的发展 [J]. 指挥信息系统与技术，2015，6（5）：62-67.

[91] 王世云. 指挥决策与决策支持 [M]. 北京：国防大学出版社，2011.

[92] 黄金才，刘忠，等. 指挥控制辅助决策方法 [M]. 长沙：国防科技大学出版社，2013.

[93] 张元涛. 军队指挥转型及路线图研究 [M]. 北京：国防大学出版社，2016.

[94] 史勇，程佳. 军事决策支持系统构建方法 [J]. 西安通信学院学报，2012，11（6）：49.

[95] 郭锐，刁光明，邓刚. 论基于大数据的作战决策优势 [J]. 长缨，2013（4）：16-17.

[96] 郭锐军. 基于"大数据"的作战决策优势 [J]. 长缨，2013（4）：13-16.

[97] 丁禹，张晓昱. 大数据对作战指挥决策的影响及对策 [J]. 军事学术，2014（3）：45-47.

[98] 孙剑，张兴坤. 浅谈大数据对指挥决策的深刻影响 [J]. 指挥学报，2014（1）：10-11.

[99] 宋振东，张菊荣，薛原. 作战决策对跨域情报融合的需求 [J]. 空军工程大学学报，2015，15（4）.

[100] 刘立军，程建. 大数据背景下的作战决策探析 [J]. 国防大学学报，2016（4）：36-39.

[101] 刘卫国，张国安，等. 数据化作战指挥研究 [M]. 北京：解放军出版社，2012.

[102] 张臻，姜枫，等. 基于重心分析的联合作战计划制定方法 [J]. 指挥信息系统与技术，2016（6）：33-36.

[103] 朱俊明. 智能化决策：信息化战争条件下作战决策的基本方式 [J]. 国防科技，2005（4）：72-75.

[104] 屈强，彭军，黎大元. 作战辅助决策多智能体系统体系结构 [J]. 计算机系统应用，2010，19（4）：1-18.

[105] 魏军民，纵强，等. 英军联合作战计划拟制 [J]. 外军学术研究，2014（8）：8-9.

[106] 李延林，王令江. 辩证看待大数据对作战决策的影响 [J]. 国防大学学报，2015（10）：60-63.

[107] 李宏军，郭锐. 大搜索——作战决策的新"高参" [J]. 长缨，2016（6）：23-24.

[108] 张珂，张楠，等. 加快推进数据化作战筹划的实践运用 [J]. 指挥学报，2016（2）：28-30.

[109] 张永亮，赵广超，等. 基于知识的指挥系统智能决策关键技术研究 [J]. 微型机与应用，2017，36（2）：56-59.

[110] 张策，杨勇，杨子明. 精确作战指挥 [M]. 北京：解放军出版社，2009.

[111] 彭呈仓. 精确作战 [M]. 北京：国防大学出版社，2014.

[112] 刘伟. 战区联合作战指挥 [M]. 北京：国防大学出版社，2016.

[113] 覃光成. 美军 Link-16 系统及作战应用研究 [M]. 北京：国防大学出版社，2017.

[114] 乔永长，周录合. 信息化条件下联合作战力量运用机理问题研究 [J]. 西北军事，2013（2）：17-19.

[115] 高嘉乐，王刚，等. 防空反导战术级指控系统发展趋势 [J]. 火力与指挥控制，2015（10）：15-16.

[116] 余建军，王海声. 基于信息化联合作战的指挥与火控一体化研究 [J]. 舰船电子工程，2011

(4)：1-6.

[117] 荀飞正. 美国海军防空反导一体化火控系统发展研究［J］. 飞航导弹, 2015 (2)：22-25.

[118] 卡尔·波普尔. 客观知识——一个进化的研究［M］. 舒卓光, 卓如飞, 周柏桥, 等译. 上海：上海译文出版社, 1987.

[119] 阿金, 等. 简明美国军事百科全书［S］. 北京：军事译文出版社, 1991.

[120] 保罗·西蒙, 阿尔赞. 塔拉波尔大数据时代的防务情报分析［J］. 胡向春, 译. 联合武装力量季刊, 2015 (4)：99-108.

[121] 美军联合参谋部联合部队发展处. 联合作战纲要［S］. 鲁二斌, 刘霞, 等译. 2001.

[122] 托马斯·克拉库尔, 伊恩·威廉姆斯. 2020 年导弹防御：国土防御的未来发展［R］. 田林, 译. 知远战略防务研究所, 2017：232-237.

[123] 艾伯拉-拉斯洛·巴拉巴西. 爆发［M］. 马慧, 译. 北京：中国人民大学出版社, 2012.

[124] 佚名. 大数据成军事竞争新高地或改变未来战争［J］. Eastern RAND Report, 2014.

[125] 张元涛, 郭武君. 大数据与作战指挥发展［J］. 国防大学学报, 2014 (8)：68-70.

[126] 郭武君, 刘琦, 等. "大数据"背景下提高作战指挥能力问题浅议［J］. 国防大学学报, 2012 (5)：34-36.

[127] 吴俊宝, 朱峰. 推进联合防空精细化指挥控制的思考［J］. 空军军事学术, 2014 (2)：49-51.

[128] 沈文, 陈林军. 信息化条件下联合防空作战指挥控制问题研究［J］. 领航, 2012 (6)：44-47.

[129] 庄可柱. 联合防空作战信息与火力融合的实现途径［J］. 军事学术, 2012.

[130] 高宏图. 论联合防空作战中信息与火力的融合［J］. 空军军事学术, 2013 (5)：55-57.

[131] 胡晓峰, 等. 第七届全军"战争复杂性与信息化战争模拟"高层学术研讨会报告集［C］. 北京：国防大学出版社, 2016.

[132] 彭墨馨. 大数据：打赢信息化战争的基石［J］. 长缨, 2012 (10)：4-6.

[133] 孙振武, 王大伟, 等. 美军战场空域控制［M］. 济南：黄河出版社, 2016.

[134] 庄林, 沈彬. 美军发力大数据［N］. 北京：解放军报, 2014-2-14 (6).

[135] 陶九阳. "快吃慢'的战争生存法则催生出智能态势认知技术——快速洞悉复杂战场环境［N］. 北京：解放军报, 2017-1-13 (11).

[136] 马建光, 张乃千. 无人机家族遇到夺命杀手［N］. 北京：解放军报, 2017-3-24.

[137] 张强. 斗勇更需斗智——军事智能化, 全新战略制高点［N］. 北京：科技日报, 2017-11-23.

[138] 钱粮胡同. 六步让你用 Excel 做出强大漂亮的数据地图［OL］. http：//www. 36dsj. com, 2016-11-22.

[139] 高原. 大数据目标识别将颠覆传统军事伪装与欺骗技术［OL］. 中国指挥与控制学会"国防科技要闻", 2016-8-30.

[140] United States Code (1994 Edition). Title 10-Armed Forces［S］. Office of the Law Revision Counsel, 1994.

[141] Col Kenneth R Dorner, Maj William B Hartman, Maj Jason M Teague. Back to the Future：Integrated Air Missile Defense in the Pacific［J］. Air Force, 2014 (4)：33-40.

[142] Schwartz C. Advanced Analytics and Data Science for Naval Warfare Planning and Execution［R］. ［S. L.］：Office of Naval Research, 2014.

[143] Executive Office of the President. Big Data Research and Development Initiative［R］. ［S. L.］：Executive Office of the President, 2012.

[144] Yi Wei, Brain M Blake. Service-Oriented Computing and Cloud Computing Challenges and Opportunities [J]. IEEE Internet Computing, 2010.

[145] Kevin D Foster, John J Shea, James Bret Michael, et al. Cloud Computing for Large-Scale Weapon Systems [J]. IEEE International Conference on Granular Computing, 2010.

[146] Studies Board, Naval Research Council. Network-Centric Naval Force: A Transition Strategy for Enhancing Opera-tional Capabilities [M]. USA: National Academy Press, 1999.